かんたん
IT基礎講座

ゼロからわかる
C#
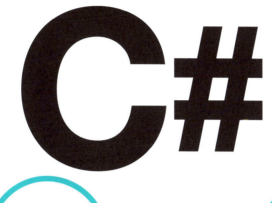

超 入門 改訂2版

斎藤友男［著］

技術評論社

ご注意
ご購入・ご利用の前に必ずお読みください

- 本書に記載された内容は、情報の提供のみを目的としています。したがって、本書を用いた運用は、必ずお客様自身の責任と判断によって行ってください。これらの情報の運用の結果について、技術評論社および著者はいかなる責任も負いません。

- 本書記載の情報は、2019年1月15日現在のものを記載していますので、ご利用時には、変更されている場合もあります。ソフトウェアに関する記述は、特に断りのないかぎり、2019年1月15日現在での最新バージョンをもとにしています。ソフトウェアはバージョンアップされる場合があり、本書での説明とは機能内容や画面図などが異なってしまうこともあり得ます。

- 本書ご購入の前に、必ずバージョン番号をご確認ください。

- 本書の内容およびサンプルファイルは、次の環境にて動作確認を行っています。

OS	Windows 10 (64bit)
開発環境	Visual Studio 2017 Community

- 本書で掲載したサンプルコードは下記のサイトで公開しています。なお、サンプルコードに関しては、必ず12ページの「サンプルコードについて」をお読みになったうえでご利用ください。

 https://gihyo.jp/book/2019/978-4-297-10386-6/support

 以上の注意事項をご承諾いただいたうえで、本書をご利用ください。注意事項を読まずにお問い合わせいただいた場合、技術評論社および著者は対応しかねます。あらかじめご承知おきください。

※ Microsoft、Windows、Visual Basic、Visual Studio、およびVisual Studioの各ロゴは、米国Microsoft Corporationの米国およびその他の国における商標または登録商標です。
※ その他、本文中に記載されている製品の名称は、すべて関係各社の商標または登録商標です。

はじめに

　自分でも何かソフトウェアを作ってみたい！ そんな気持ちがある方は「思い立ったら吉日」、ぜひこの本から始めてみてください。また、最初に覚えるプログラミング言語は何がよいか？ など悩まれている方には迷わずC# 言語をお勧めします。

　C# 言語はWindows のネイティブなアプリケーションから、Web ページを使ったシステム、更には制御系のプログラムなど、あらゆるアプリケーションを作成できる機能と環境を備えるプログラミング言語です。また、C# 言語はMicrosoft 社から提供される最新のプログラミング言語であり、次世代のソフトウェア環境も視野に入れているため、C# 言語を知ることはコンピュータの未来を知ることにもつながります。どんなプログラミング言語も最初は簡単とはいかないでしょう。であれば、現在、そして今後も有望なC# 言語をお勧めするわけです。

　さて、本書はC# 言語はもちろん、プログラミングさえしたことがない方を対象としています。このため1 章ではコンピュータとプログラミングを知るうえで必要と思われる基本的な内容や専門用語などを解説しています。また、全般を通じて詳細な文法などよりもプログラミングの感触やイメージをつかむことに視点を置きました。それぞれの章のサンプルプログラムでは実際に実行したときに少しでも感動できるものを心がけました。また、各章の最後には要点整理と練習問題も設けてありますので、章ごとの整理と確認にご利用いただけると思います。"超"入門という背景からC# 言語のクラスやオブジェクト指向については、簡単に触れる範囲に留めていますが、C# 言語のプログラミングを始めるには十分な内容となっています。

　プログラミングはソフトウェアという大変楽しいものづくりです。自分の作ったものが自分の考え通りに動き、価値のあるものであれば使った人も喜んでくれます。

　ぜひこの機会に、プログラミングの感動と達成感をひとつひとつの小さなプログラムから始めてみてください。

2019年、東京オリンピックまであと1年の春！
株式会社Knowlbo 斎藤　友男

目次

はじめに　　3
サンプルコードについて　　12

CHAPTER 1　コンピュータとプログラムについて知っておこう　　13

1-1　コンピュータとプログラム　　14
- 1-1-1　コンピュータとは　　14
- 1-1-2　ハードウェアとソフトウェア　　15
- 1-1-3　コンピュータと生活環境　　15

1-2　プログラムの動く仕組み　　16
- 1-2-1　ビットとバイト　　16
- 1-2-2　アドレス　　16
- 1-2-3　コンピュータの5大装置　　17
- 1-2-4　機械語　　19
- 1-2-5　レジスタ　　20
- 1-2-6　スタック　　21
- 1-2-7　機械語の命令　　21

1-3　プログラミングとプログラム言語　　23
- 1-3-1　アセンブリ言語　　23
- 1-3-2　コンパイル言語　　23
- 1-3-3　ソースプログラムとオブジェクトプログラム　　24
- 1-3-4　実行形式プログラム　　24
- 1-3-5　インタプリタ言語　　25
- 1-3-6　JavaとC#　　26

1-4　オペレーティングシステム　　27
- 1-4-1　オペレーティングシステムとは　　27
- 1-4-2　デバイスドライバ　　28
- 1-4-3　ミドルウェア　　29
- 1-4-4　ファイルとファイルシステム　　29
- 1-4-5　パーソナルコンピュータのOS　　30
- 要点整理　　30

練習問題 ... 31

CHAPTER 2
C#に触れてみよう　　33

2-1　C#とは　　34
2-1-1　C#の実行環境　　34
2-1-2　.NET Frameworkの実行環境　　35
2-1-3　.NET Frameworkクラスライブラリ　　35

2-2　C#の開発環境　　38
2-2-1　ソリューションとプロジェクト　　38
COLUMN ● Microsoft Visual Studioのエディション　　39
2-2-2　新規プロジェクトの作成　　39
2-2-3　コンソールアプリケーション　　41
2-2-4　メインプログラム　　42
2-2-5　新規クラスファイルの作成　　42

2-3　C#のプログラムを見てみよう　　44
2-3-1　サンプルプログラム　　44
2-3-2　Consoleクラス　　45
2-3-3　代入　　46
2-3-4　計算　　47
2-3-5　変換　　47
要点整理　　47
練習問題　　48

CHAPTER 3
C#の基本を理解しよう　　49

3-1　C#言語の基本スタイルを理解しよう　　50
3-1-1　文の区切り　　50
3-1-2　変数とデータの型って何？　　50
3-1-3　コメント　　51
3-1-4　コーディング規則を知ろう　　52

3-2　プログラムの構成要素を理解しよう　　53
3-2-1　ステートメントとブロック　　53

3-2-2	ラベル	53
3-2-3	プロシジャ	54
3-2-4	パラメータ	55

3-3 プログラムを作ってみよう (1) ... 56
- 3-3-1 ここで作成するプログラム ... 56

3-4 プログラムを作ってみよう (2) ... 58
- 3-4-1 ここで作成するプログラム ... 58
- 要点整理 ... 59
- 練習問題 ... 60

CHAPTER 4
制御文を理解しよう (1)　61

4-1 フロー制御と制御文 ... 62
- 4-1-1 プログラムとフロー制御 ... 62
- 4-1-2 制御文 ... 63
- 4-1-3 制御文と比較演算 ... 64
- 4-1-4 コレクション ... 64

4-2 分岐文 ... 66
- 4-2-1 分岐文の種類を知ろう ... 66
- 4-2-2 if文 ... 66
- 4-2-3 switch文 ... 68

4-3 プログラムを作ってみよう ... 70
- 4-3-1 ここで作成するプログラム ... 70
- 要点整理 ... 72
- 練習問題 ... 73

CHAPTER 5
制御文を理解しよう (2)　75

5-1 繰り返し文 ... 76
- 5-1-1 繰り返し文の種類を知ろう ... 76
- 5-1-2 while文 ... 77
- 5-1-3 do文 ... 77

	5-1-4	for文	78
	5-1-5	foreach文	79

5-2 ジャンプ文　　81

	5-2-1	ジャンプ文の種類を知ろう	81
	5-2-2	break文	81
	5-2-3	continue文	82
	5-2-4	return文	82
	5-2-5	goto文	83

5-3 プログラムを作ってみよう　　85

	5-3-1	ここで作成するプログラム	85
		要点整理	88
		練習問題	89

CHAPTER 6
基本データ型を理解しよう（1）　　91

6-1 整数型と実数型を理解しよう　　92

	6-1-1	整数型はなぜ必要？	92
	6-1-2	実数型はなぜ必要？	92
	6-1-3	数値データとデータ型	93

6-2 整数型　　94

	6-2-1	整数型とビットの関係を知ろう	94
	6-2-2	リテラル	95
	6-2-3	整数値のリテラル表記	95

6-3 実数型　　97

	6-3-1	浮動小数点数型（実数型）	97
	6-3-2	10進数型（実数型）	97
	6-3-3	実数値のリテラル表記	98

6-4 論理型を理解しよう　　99

	6-4-1	論理型って何？	99
	6-4-2	論理値のリテラル表記	100

6-5 プログラムを作ってみよう　　101

	6-5-1	ここで作成するプログラム	101
		要点整理	103

練習問題 104

CHAPTER 7
基本データ型を理解しよう (2)　　105

7-1　文字型と文字列型を理解しよう　　106
- 7-1-1　文字コードって何？　　106
- 7-1-2　文字型って何？　　107
- 7-1-3　文字列型って何？　　107
- 7-1-4　文字値と文字列値のリテラル表記　　108

7-2　値型と参照型を理解しよう　　110
- 7-2-1　値型と参照型の違い　　110
- 7-2-2　パラメータにおける値型と参照型　　111

7-3　オブジェクト型を理解しよう　　116
- 7-3-1　オブジェクト型って何？　　116
- 7-3-2　クラスって何？　　116

7-4　プログラムを作ってみよう　　118
- 7-4-1　ここで作成するプログラム　　118
- 要点整理　　121
- 練習問題　　122

CHAPTER 8
変数と配列を理解しよう　　123

8-1　識別子とキーワードを理解しよう　　124
- 8-1-1　識別子って何？　　124
- 8-1-2　識別子の付け方を知ろう　　124
- COLUMN ● キーワードも識別子として利用できる？　　126

8-2　変数を理解しよう　　127
- 8-2-1　変数って何？　　127
- 8-2-2　ローカル変数とそのスコープを知ろう　　128
- 8-2-3　読み取り専用で利用される変数ー定数を知ろう　　128

8-3　配列を理解しよう　　131

	8-3-1 配列って何？	131
	8-3-2 配列の参照はどうするの？	133

8-4 多次元配列を理解しよう　　134

	8-4-1 C#の配列の種類を知ろう	134
	8-4-2 矩形配列を知ろう	135
	8-4-3 ジャグ配列を知ろう	137

8-5 プログラムを作ってみよう　　140

	8-5-1 ここで作成するプログラム	140
	要点整理	144
	練習問題	145

CHAPTER 9
演算子を理解しよう (1)　　147

9-1 演算子とは　　148

	9-1-1 演算子とデータ型を知ろう	148

9-2 基本演算子を理解しよう　　150

	9-2-1 算術演算子を知ろう	150
	9-2-2 連結演算子を知ろう	151
	9-2-3 ビット演算子を知ろう	152
	9-2-4 論理演算子を知ろう	153
☕ COLUMN ● ショートサーキット評価とは何？		155
	9-2-5 　比較演算子を知ろう	155

9-3 プログラムを作ってみよう　　157

	9-3-1 ここで作成するプログラム	157
	要点整理	159
	練習問題	160

CHAPTER 10
演算子を理解しよう (2)　　161

10-1 代入演算子を理解しよう　　162

	10-1-1 代入演算子を知ろう	162
	10-1-2 ショートカット演算子って何？	162

10-2 その他の演算子を理解しよう　164

- 10-2-1 インデクサ演算子を知ろう　164
- 10-2-2 型情報演算子を知ろう　164
- 10-2-3 参照型のキャストって何？　166
- 10-2-4 オブジェクト演算子を知ろう　166

10-3 演算子の優先順位と結合規則　168

- 10-3-1 演算子の優先順位を知ろう　168
- 10-3-2 演算子の結合規則を知ろう　169

10-4 プログラムを作ってみよう　170

- 10-4-1 ここで作成するプログラム　170
- 要点整理　173
- 練習問題　174

CHAPTER 11
名前空間と型を理解しよう　175

11-1 名前空間を理解しよう　176

- 11-1-1 名前空間って何？　176
- 11-1-2 名前空間と型を知ろう　176
- COLUMN ●名前空間とプログラムファイル　178
- 11-2-3 using ディレクティブって何？　178
- 11-2-4 名前空間の別名をつける意味は？　178

11-2 型とメンバを理解しよう　180

- 11-2-1 型って何？　180
- 11-2-2 メンバって何？　180
- 11-2-3 アクセシビリティって何？　183

11-3 インスタンスメンバと静的メンバを理解しよう　185

- 11-3-1 インスタンスメンバと静的メンバって何？　185
- 11-3-2 メンバの参照とは？　188
- 11-3-3 関数メンバのオーバーロード　188
- 要点整理　189
- 練習問題　190

CHAPTER 12
Windowsフォームアプリケーションを作ってみよう　191

12-1　Windowsフォームアプリケーションのプロジェクト　192
- 12-1-1　新規プロジェクトの作成　192
- 12-1-2　ボタンやテキストボックスなどの配置　194
- 12-1-3　操作に対応するメソッドの作成　195

12-2　Windowsフォームアプリケーションを作ってみよう (1)　197
- 12-2-1　ここで作成するプログラム　197
- 12-2-2　テキストボックスのプロパティを変更してみよう　199

12-3　Windowsフォームアプリケーションを作ってみよう (2)　202
- 12-3-1　ここで作成するプログラム　202

12-4　Windowsフォームアプリケーションを作ってみよう (3)　206
- 12-4-1　ここで作成するプログラム　206
- 練習問題　210

Appendix
クラスとオブジェクト指向について知っておこう　211

A-1　クラスについて知っておこう　212
A-2　オブジェクト指向について知っておこう　216

おわりに　219

索引　220

付録
解答・解説集

サンプルコードに関して

本書で掲載した，サンプルコードは下記のサイトからダウンロードできます。

https://gihyo.jp/book/2019/978-4-297-10386-6/support

ダウンロードフォルダ（CS_SuperIntroduction）に格納されているプログラムのファイルは、次のような名称になっています。

```
📁CS_SuperIntroduction         C#超入門（ソリューション）
   ├─ Example_Startup          2章 C#に触れてみよう
   ├─ Example_Basic            3章 C#の基本を理解しよう
   ├─ Example_Statement        4章 制御文を理解しよう（1）
                                5章 制御文を理解しよう（2）
   ├─ Example_DataType         6章 基本データ型を理解しよう（1）
                                7章 基本データ型を理解しよう（2）
   ├─ Example_Array            8章 変数と配列を理解しよう
   ├─ Example_Operator         9章 演算子を理解しよう（1）
                                10章 演算子を理解しよう（2）
   ├─ Example_WindowsForm      12章 Windowsフォームアプリケーションを作ってみよう
   ├─ Example_MatchDays        （同上）
   └─ Example_MusicAlbum       Appendix クラスとオブジェクト指向について知っておこう
```

CHAPTER 1

コンピュータとプログラムについて知っておこう

C#というプログラミング言語を理解するうえで、その基本となるコンピュータとプログラムについておおまかに知っておきたいと思います。
ここに説明してある内容だけで、初めてプログラミングをする読者もC#を知るためのスタートラインに立つことができると思います。ここでは、あまり難しく考えず、1つの読み物程度に気軽に取り組んでみてください。きっと先に進んだところで、ここでの基礎知識が役に立つと思います。

1-1	コンピュータとプログラム	P.14
1-2	プログラムの動く仕組み	P.16
1-3	プログラミングとプログラム言語	P.23
1-4	オペレーティングシステム	P.27

1-1 コンピュータとプログラム

「コンピュータ」が今日これほどまで利用されている理由は、指定された計算手順を自動的に実行できる機能によるものです（たとえば、一般の電卓を使って計算することはできますが、その計算手順を繰り返し利用することはできません）。

1-1-1 プログラムとは

「コンピュータ」はあらかじめ用意された計算手順を自動的に実行することができる機械です。コンピュータはこの機能により、伝票の合計計算など、大量の計算も繰り返し処理することができます。この計算手順を「**プログラム**」といいます。つまり、プログラムはコンピュータに対する計算手順であり、指示書といえます（図1.1）。

コンピュータはこのプログラムを高速に動作させる仕掛けを持つことで革新的な道具として発展してきました。

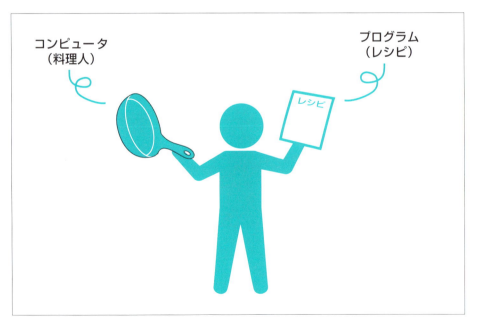

● 図1.1 コンピュータとプログラム

1-1-2 ハードウェアとソフトウェア

「ハードウェア」とはコンピュータシステムにおける物理的な構成要素(電子回路、各種装置など)を指すことばです。

初期のプログラムは電子回路とケーブルを結線して組み立てられた「ハードウェア」だけのコンピュータで、コンピュータの起源とされるABC(1941年)やENIAC(1946年)が有名です(注1)。

その後プログラムはコンピュータの内部に電気的に記憶され実行されるようになります。これは「プログラム内蔵方式」、あるいは「ノイマン型」といわれます(注2)。このプログラム内蔵方式は現在のコンピュータの原型となっています。また、記憶装置に電気的に記憶されるプログラムは、電子回路を使ったハードウェアによるプログラムと対比して「ソフトウェア」といわれます。

1-1-3 コンピュータと生活環境

みなさんもご存じのようにコンピュータは電子回路の集積回路(IC:Integrated Circuit)化により小型化が進んでいます。

当初は計算を目的としたコンピュータですが、今では電器、通信、自動車、設備など、あらゆる分野に組み込まれ、現代の生活や社会には欠かせない存在となっています。

たとえば、グローバル・ポジショニング・システム(GPS: Global Positioning System)により地球上の現在の位置を特定することができるようになりました。これはGPS衛星からの信号をGPS受信機で受け取ることで実現されていますが、これらのシステムもコンピュータを前提としています。GPSは自動車を目的地まで正確に案内してくれるカーナビゲーションシステムとしても広く利用されていますが、このシステムを実現しているのもソフトウェアです。

このような革新的なシステムも、もともとはひとつひとつの小さなプログラムから成り立っています。そしてこの小さなプログラムから生まれるひとつひとつのシステムは生活環境や社会さえ変えていく力を持っています。

(注1) ちなみに、コンピュータの基本的な方式としてはアナログ方式とデジタル方式が考えられましたが、電気信号のオン/オフと相性のよいデジタルコンピュータが早い段階から主流となりました。

(注2) ノイマン型はこの方式の基礎作りに多くの貢献をしたフォン・ノイマン(von Neumann)の名前から取られています。

1-2 プログラムの動く仕組み

コンピュータはハードウェアとソフトウェアから構成されますが、コンピュータの中でソフトウェアであるプログラムはどのように実行されるのでしょうか。ここではコンピュータにおけるハードウェアとプログラムの関係について知っておきたいと思います。

1-2-1 ビットとバイト

コンピュータの情報の最小単位は「ビット」といわれ、1ビットでオン／オフの2値を表現することができます。また、8ビットの単位は「バイト」といわれ、1バイトで英字の1文字を表現することができます(注3)。

1-2-2 アドレス

プログラムが記憶される装置は「主記憶装置」、一般に「メモリ」とよばれます。そして、コンピュータはそのメモリに配置されたプログラムを指示書として動作します。

メモリにはプログラムだけでなく、そのプログラムが利用するデータも配置されます。プログラムもデータも同じメモリ上にあり、特に区切られた領域に存在するわけではありません。また、メモリにはその最小の単位ごとに番地が割りあてられています。その番地は「アドレス」といわれ、プログラムやデータのある場所はこのアドレスにより特定することができます(図1.2)。

さて、このアドレスはそのコンピュータが扱うメモリの最小単位となりますが、そのサイズには8ビット、16ビット、32ビット、64ビットなどが存在します。そして、このビット数により8ビットマシン、16ビットマシン、32ビットマシン、64ビットマシンなどと呼ばれます。

(注3) 1バイトは「2^8」の256通りのパターンを表現することができます。

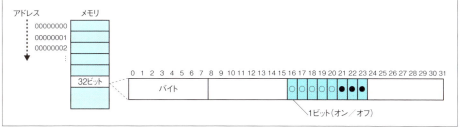

● 図1.2 アドレスとビット

1-2-3 コンピュータの5大装置

　ここでコンピュータをもう少し分解してみましょう。またイメージしやすいように、コンピュータをキッチンに見立てた説明も加えてみます。

● 制御装置と演算装置

　プログラムはコンピュータに対する計算手順といえますが、そのプログラムの中身は計算などの命令が羅列されたものになります。この命令は「演算命令」といわれ、この演算命令のひとつひとつが順番に処理されることでプログラムの目的は達成されます。この演算命令を処理しているパーツこそがコンピュータの心臓ともいえる装置で、「中央処理装置（CPU：Central Processing Unit）」、あるいは単に「プロセッサ」といわれます。CPUはさらにプログラムの実行を制御する「制御装置」と、実際の演算命令を処理する「演算装置」から構成されます。
　…キッチンではプログラムは「レシピ」に相当するでしょう。また、制御装置は「料理する人」、演算装置は「調理機器」になるでしょうか。
「制御装置」は「プログラム」を見ながら「演算装置」を使って「データ」を処理しますが、「料理する人」は「レシピ」を見ながら「調理機器」を使って「調理食材」を調理します。

● 入力装置と出力装置

　さて、コンピュータに何らかの処理をさせるということは、必ずその入力となる情報が存在します。また、その処理結果を知るためには、その出力となる情報も必要となります。そして、この情報の入力を実現する装置は「入力装置」、出力を実現する装置は「出力装置」といわれます。また、これらはまとめて「入出力装置（I/O）」、あるいは「周辺装置」ともいわれます。入力装置としては、キーボード、マウスなど、出力装置としては、ディスプレイ、プリンタなどが一般的です。
　…キッチンでは、入力装置は「冷蔵庫」、出力装置は「食卓テーブル」でよいでしょう。
　「コンピュータ」は「入力装置」から「データ」を入力し、処理結果を「出力装置」から出力しますが、「キッチン」では「冷蔵庫」から「調理食材」を選び、できた料理は「食卓テーブル」に並べます。

CHAPTER 1　コンピュータとプログラムについて知っておこう

● **主記憶装置と補助記憶装置**

　入力、あるいは処理されたデータは保存して利用されるのが一般的です。情報を保存する装置は「補助記憶装置（二次記憶装置）」、あるいは「**外部メモリ**」といわれます（代表的な補助記憶装置としてはハードディスクなどがあります）。

　…キッチンでは、主記憶装置は「キッチンカウンター」、補助記憶装置は「キッチンテーブル」でしょうか。

　「コンピュータ」は「主記憶装置」に処理中の「データ」を置き、待機させるデータは「補助記憶装置」に保存しておきますが、「キッチン」では「キッチンカウンター」に調理中の「調理食材」を置き、待機させる料理は「キッチンテーブル」に置かれます。

● **5大装置**

　このようにコンピュータは、その処理能力を持つCPUを中心に、主記憶装置、補助記憶装置などのメモリを使って演算とその保存を実現し、周辺装置により人とのコミュニケーションを実現しています。そして、これらの装置はコンピュータを構成する5大装置とよばれます。すなわち、①制御装置、②演算装置、③メモリ（補助記憶装置を含む）、④入力装置、⑤出力装置、です（図1.3）。

　…コンピュータをキッチンに置き換えると図1.4のような感じです。

　少々無理やりですが、コンピュータはいくつかの基本的な装置から構成され、それぞれが役割を持って機能していることをイメージすることができると思います。

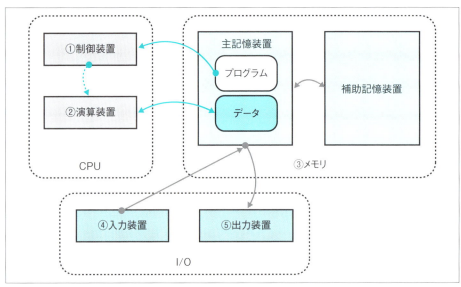

● 図1.3　コンピュータの5大装置

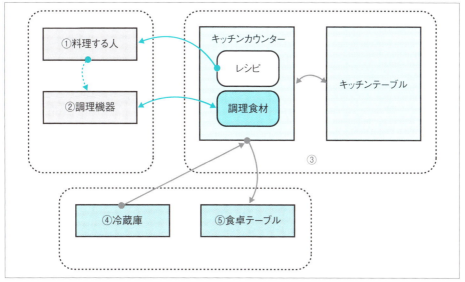

● 図1.4　キッチンの5大装置

1-2-4 ▶ 機械語

　プログラムが一連の命令から構成されることは前述のとおりですが、この「命令」こそが、コンピュータ（CPU）が理解できるレベルのプログラム言語となります。これはコンピュータ（マシン）が理解できる言葉ということで「**機械語（マシンランゲージ）**」とよばれます。機械語の命令は単なる2値のビットパターンであるため人間にとっては大変扱いにくいプログラム言語といえます。

　また、機械語はそれぞれのCPUごとに存在し、その基本サイズ（ビット数）や命令パターンはそれぞれのCPUに依存したものとなります。つまり、あるCPUの機械語は他のCPUではまったく解釈できません。日本語がほとんどの外国人にわからないようなものです。

　プログラムにおけるひとつひとつの機械語はメモリ上に配置され、それぞれがアドレスを持ち実行されることになります。また同様に扱うデータもメモリ上に配置され、それぞれのアドレスにより特定することで演算が実行されます。

　図1.5はメモリ上の機械語のプログラム（Load、Add、Storeなど）が同じメモリ上のデータを、アドレスを指定して参照しているイメージです。

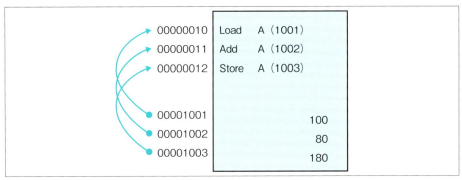

● 図1.5　機械語のメモリイメージ

1-2-5　レジスタ

　演算装置では、演算データや演算結果の一時的な入れ物として「**レジスタ**」という一種の高速アクセスメモリが存在します。一般にレジスタは複数ありますが、それぞれ名前により識別することができます（たとえば01、02、…、あるいはA、B、…、など）。そして、このレジスタ名は演算命令において参照されます。

　つまり演算装置はその対象となるデータを一旦メモリ（アドレス）からレジスタに読み込み（ロード）、演算後、その結果を再び適切なメモリ（アドレス）に保存（ストア）することで演算を実現しています（図1.6）。

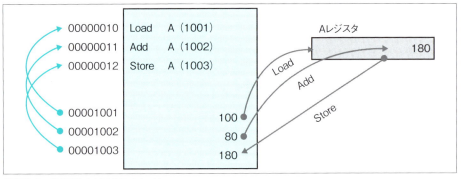

● 図1.6　機械語とレジスタのイメージ

　ここで、メモリ（アドレス）から読み込むことを「**ロード**」といい、逆にメモリ（アドレス）に保存することは「**ストア**」といいます。

　また、演算処理においては演算結果を次の演算のデータとして利用するケースは少なくありません。たとえば「1+2+3」の計算は「1+2」の結果と「3」を加算しますが、「1+2」の結果は一時的にレジスタに置かれます。

　レジスタという"調理皿"を持つことで、一連の演算をより高速に実行することを可能としています。このためレジスタの数が多いほど高性能で、コストも高いCPUとなります。

1-2-6 スタック

演算装置においてレジスタと同様に大変大切な機構に「**スタック**」があります。スタックは「後入れ先出し方式」といわれるメモリで、順次必要な情報を入れ、最後に入れた情報から取り出す機構を持ちます。積んだ書類を上から取るようなイメージです。スタックでは情報を入れる（積む）ことを「**プッシュ**」といい、それを取り出すことを「**ポップ**」といいます。

プログラムでは、あるまとまった処理に制御を移行し、その処理が完了後、元に制御を戻す機能が求められます。ここでまとまった処理は「**サブルーチン**」とよばれ、サブルーチンへの制御の移行は「**呼び出し**」といわれます。この制御機構を実現するためにスタックは利用されます。

サブルーチンに制御を移行する前に戻りアドレスをスタックへ入れて（プッシュして）おき、サブルーチンの最後でこのプッシュされたアドレスをスタックから取り出して（ポップして）呼び出し元へ制御を戻すことができます。

サブルーチンから更にサブルーチンを呼び出す繰り返しもこのスタック機構により対応することができます。このため、スタックはコンピュータにおいて必要不可欠な機構の1つです。

図1.7は、スタックの動きを書類を整理する様子に置き換えてイメージ化したものです。最初は書類-Aを整理するところから始まります。書類-Aの整理が進み（①）、書類-Aのあるところから書類-Bの整理が必要となり（②）、更に書類-Bのあるところから書類-Cの整理が必要となります（③）。

書類-Cの整理が終了すると、書類-Bの整理へ戻ります（④）。そして、同様に書類-Bの整理が終了すると、書類-Aの整理へ戻り（⑤）、書類-Aの整理が終了するとすべての整理が完了します。

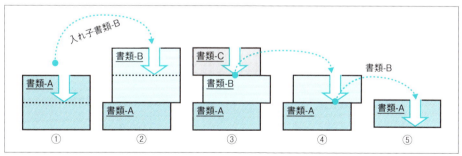

● 図1.7　書類の整理とスタック

1-2-7 機械語の命令

さて、実際の機械語にはどのような命令があるのでしょうか。

機械語の命令の基本的なカテゴリを**表**1.1にまとめてみました。これだけのカテゴリ

で複雑なシステムも動作していることを考えると、コンピュータの基本は大変シンプルです。

● 表1.1 機械語の命令

命令のカテゴリ	説明
ロード／ストア	データをメモリからレジスタへ読み込む（ロードする）命令や、その逆にレジスタからメモリへ保存（ストア）する命令などがあります
演算	レジスタとレジスタの加減乗除演算や論理演算、あるいはレジスタのビットを左右にシフトするシフト演算などがあります
比較演算	レジスタとレジスタを比較して等しい、大小などを結果とする演算があります
分岐	制御を指定の番地に無条件にジャンプさせたり、比較演算の結果によりジャンプさせたりする命令があります
スタック操作	スタックへのプッシュ、ポップ命令があります
コール／リターン	サブルーチンの呼び出し命令、サブルーチンからの復帰命令があります

1-3 プログラミングとプログラム言語

「プログラミング」とはプログラムを記述することです。「プログラミング言語」とはプログラムを記述するための言語で、プログラムのことを「コード」ともいいます。そして、プログラムを書くことを「コーディング」といいます。

1-3-1 アセンブリ言語

機械語も1つのプログラミング言語といえますが、単なる2値のビットパターンによる機械の言葉であるため、そのプログラミングは容易ではありません。そこで、機械語を記号（ニーモニック）で記述して、これを機械語に変換する方式が考えられました。

その変換は「**アセンブリ**」といわれ、その記号言語は「アセンブリ言語」といわれます。また、この変換機は「**アセンブラ**」とよばれ、このアセンブラ自身も1つのプログラムです（注4）。

機械語はそれぞれのCPUに依存したものであるため、機械語を記号化したアセンブリ言語もCPUに対応してそれぞれ存在します。

1-3-2 コンパイル言語

アセンブリ言語は機械語より容易ですが、コンピュータの命令を記述することに変わりはありません。そこで、より一般の文章（英語）に近い記述からアセンブリ言語（機械語）に変換する方式が考えられました。

この変換は「**コンパイル**」とよばれ、その言語は「コンパイル言語」とよばれます。また、コンパイル言語をアセンブリ言語（あるいは機械語）に変換するプログラムは「**コンパイラ**」とよばれます。また、コンパイル言語はアセンブリ言語に対して「**高級言語**」ともいわれます。

コンパイル言語として有名なものには、「FORTRAN」、「COBOL」、「PL/I」、「C」、「C++」などがあります。

アセンブラやコンパイラなどはプログラム言語処理機という意味合いで「**言語処理系**」ともいわれます。言語処理系は機械語でアセンブラを作り、そのアセンブリ言語を使ってコンパイラを作り、そのコンパイル言語を使ってさらに高度な言語のコンパイラを作

（注4） ちなみに、アセンブラ自身のプログラムは機械語で開発する必要があります。

るという連鎖により進化してきたわけです。

1-3-3 ソースプログラムとオブジェクトプログラム

　言語処理系の入力となるプログラムは「ソースプログラム」（あるいは単にソース）とよばれ、出力されるプログラムは「オブジェクトプログラム」（あるいは単にオブジェクト）とよばれます。

　つまり、ソースプログラムはそれぞれのプログラム言語で記述された内容で、オブジェクトプログラムはそれに対応する機械語プログラムとなります。

1-3-4 実行形式プログラム

　プログラムは1つのソースプログラムで構成されることは少なく、一般に複数のソースプログラムの集合体として形成されます。そしてプログラムを構成するひとつひとつのソースプログラムやオブジェクトプログラムなどは単に「モジュール」ともいわれます。

　プログラムを複数のモジュールで形成することにより保守性や拡張性、および再利用性などを高めることができます。また、モジュールの分割には別のモジュールのサブルーチンの呼び出し（参照）が伴います。このため、複数のオブジェクトプログラムの参照関係を解決し、1つにまとめる必要があります。これを行うプログラムは「リンカー（リンケージエディタ）」とよばれます。またその出力は「実行形式プログラム」という1つのファイルになります(注5)。

　さて、実行形式プログラムをメモリに読み込むことを「ロード」といい、ロードするプログラムは「ローダー」とよばれます。ここでローダーは実行形式プログラムをそのままメモリにロードすることはできません。なぜならプログラム内に存在するアドレス参照は、プログラムのロードされる場所（アドレス）が決まるまで決められず不定の状態となっているためです。このため、ローダーは実行形式プログラムをロードする時にこのアドレス参照を解決するという最後の仕上げをしています(注6)。

　図1.8にソースプログラムがメモリにロードされるまでの流れを示します。

（注5）	Windowsではexeの拡張子を持つファイルです。
（注6）	ちなみに、オブジェクトプログラム内のアドレス参照が基点アドレス±n番地のように相対的なものだけであれば、そのままどこにロードしても問題はありません。

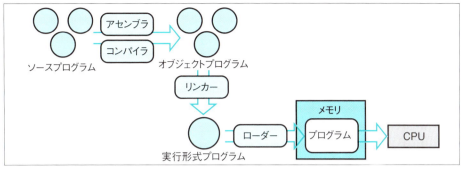

● 図1.8 ソースプログラムがメモリにロードされるまで

1-3-5 インタプリタ言語

　ソースプログラムは上記のとおりコンパイラ、リンカー、ローダーを通して実行させることができます。そしてこれはソースプログラムが機械語に翻訳されて実行されるまでの工程です。

　一方、ソースプログラムを機械語に翻訳せず、そのまま解釈して実行させる方式もあります。これはソフトウェアによる仮想的なCPUのイメージで、これを実現するプログラムは「**インタプリタ**」といわれ、その言語はインタプリタ言語、あるいは「**スクリプト言語**」とよばれます（図1.9）。スクリプト言語によるプログラムは機械語として動作しないため、コンパイル言語に比べ処理速度は劣りますが、CPUに依存しないプログラムというメリットを持ちます。すなわちインタプリタさえあれば、スクリプト言語によるプログラムはどのコンピュータでも動作することを意味しています。

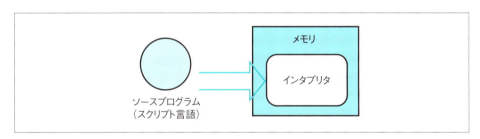

● 図1.9 インタプリタ

　スクリプト言語として有名なものには、「BASIC」、「VB Script」、「Java Script」などがあります。VB ScriptやJava ScriptはWebブラウザにおいて広く利用されていますが、この場合Webブラウザがインタプリタの機能を持つことになります（図1.10）。このためWebブラウザにおけるスクリプトプログラムの動作はコンピュータに依存しません。

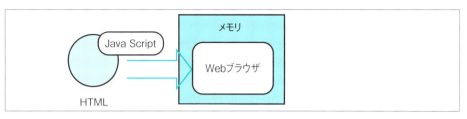

● 図1.10　スクリプト言語とWebブラウザ

1-3-6　JavaとC#

近年のプログラム言語として「Java」と「C#」があります。この2つの言語は多くの共通点を持ちますが、言語処理系としての共通点はどちらも「**中間言語**」を持つことです。「中間言語」とはコンパイル言語と機械語の間に位置する言語の意味で、仮想的なコンピュータの機械語ともいえます。これらのプログラム言語はそのコンパイラにより機械語ではなく、中間言語に変換されます。そしてこの中間言語をそのインタプリタで実行するスタイルになります（図1.11）。これらの言語においては中間言語がその言語における機械語に相当するため、このインタプリタは「**仮想マシン**」ともいわれます。

仮想マシンは一般のインタプリタのようにソースプログラムを解釈するのではなく、一度コンパイルして、より解釈しやすい中間言語を解釈するため、パフォーマンスの劣化を最小限にとどめることができます。そしてこの機構により、これらの言語によるプログラムはCPUに依存しないメリットと高いパフォーマンスを実現しています。

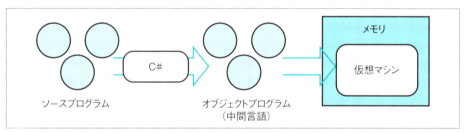

● 図1.11　中間言語と仮想マシン

1-4 オペレーティングシステム

利用者に利便性を提供するソフトウェアは「アプリケーション」とよばれます。アプリケーションのプログラムにおいてはハードディスクなどの補助記憶装置、キーボード、マウスなどの入力装置、ディスプレイ、プリンタなどの出力装置も制御する必要があります。

1-4-1　オペレーティングシステムとは

　補助記憶装置、入力装置、出力装置などは単に「**デバイス**」とも呼ばれ、それぞれのメーカーや機種によりその機能や制御方法も違ったものになるのが一般的です。

　このため、たとえばプリンタへ出力するプログラムでは対応するプリンタの分だけプログラムが必要となってしまい、既存のプログラムでは新しいプリンタには対応できないことになります。

　そこで、これらのデバイスの違いを吸収しアプリケーションに標準的な「**インターフェース**」を提供するソフトウェアが考えられました。これは「オペレーティングシステム (OS：Operation System)」と呼ばれ、そのインターフェースは「API：Application Programming Interface」と呼ばれます。アプリケーションは、OSのAPIを利用することで任意のデバイスに対応することができます。ここでインターフェースとは別のシステムとの間をつなぐ仕様や方式を意味することばで、アプリケーションとOSはAPIというインターフェースを介してつながることになります。

　OSはデバイスの違いを吸収するクッションの働きをするだけではなく、コンピュータのリソース（資源）全般を管理します（図1.12）。たとえば、メモリ管理、プロセス管理などがあります[注7]。

（注7）「プロセス」とはプログラムの動作実体で、プロセス管理は動作中のプログラムのすべての振る舞いを管理します。

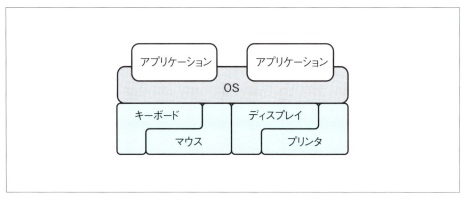

● 図1.12　アプリケーションとOS

　コンピュータのリソースは複数のアプリケーションにより共有されるため、リソースを管理するOSはコンピュータにとって不可欠なソフトウェアであり、アプリケーションの共通の基盤となるため、「**アプリケーションプラットフォーム**」ともいわれます。

1-4-2　デバイスドライバ

　それぞれのOSでは、それぞれのデバイス向けにもインターフェースを提供しています。そして、各デバイスメーカーがそれに対応するソフトウェアを用意することで、プログラムからの利用を可能としています。このデバイスに対応したソフトウェアは「デバイスドライバ」と呼ばれ、それぞれのOS別にデバイスメーカーから提供されます（図1.13）。

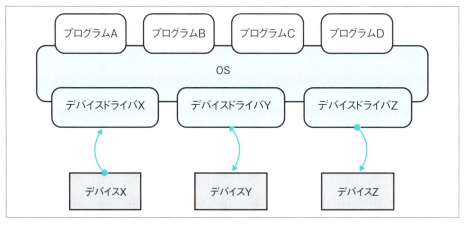

● 図1.13　OSとデバイスドライバ

1-4-3 ミドルウェア

さて、データの管理、検索ツールとして「データベースシステム」というソフトウェアがあります。データベースは、アプリケーションにサービスを提供するソフトウェアですがOSではありません。このようにOSとアプリケーションの中間に位置するソフトウェアは「ミドルウェア」とよばれます（図1.14）。

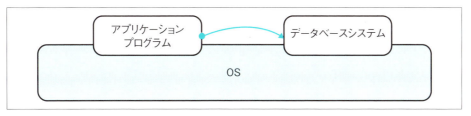

● 図1.14　アプリケーションとミドルウェア

1-4-4 ファイルとファイルシステム

OS上で管理される情報の単位は「ファイル」といわれます。そして、このファイルは「ファイルシステム」というOSの機能により管理されます。

ファイルシステムのファイルは「ディレクトリ」あるいは「フォルダ」といわれる入れ物に配置され階層的に管理されます（図1.15）。ファイルを町にたとえれば、国、県、市などがディレクトリに当たります。

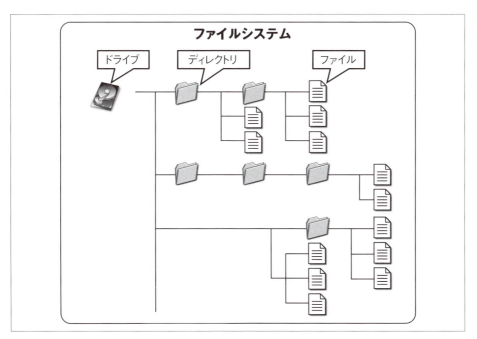

● 図1.15　ディレクトリとファイル

1-4-5 パーソナルコンピュータのOS

「パーソナルコンピュータ（PC：Personal Computer）」のOSは、「BASIC」、「MS-DOS」などから始まり、近年では「Windows」や「Linux」、そしてAppleコンピュータの「Mac OS」などが一般的です。

そしてWindowsを拡張するスタイルで「.NET」という新たなアプリケーションプラットフォームが登場しました。そして、C#はこの.NETの主要言語として登場しました。

要点整理

- プログラムはコンピュータの計算手順である。
- アドレスはメモリの最小の単位ごとに割りつけられ、プログラムやデータのある場所を特定する。
- コンピュータは5大装置で構成されている。
- C#のプログラムは中間言語に翻訳され仮想マシンにより実行される。
- OSはコンピュータリソース全般を管理し、アプリケーションプラットフォームといわれる。
- .NETはWindowsを拡張する新たなアプリケーションプラットフォームである。

練習問題

問題1 コンピュータが電卓に比べて最も優れている点を選んでください。

① コンピュータの計算桁数は電卓よりも大きいこと。
② コンピュータは計算手順を何度でも繰り返し利用できること。
③ コンピュータは電卓より計算速度が速いこと。

問題2 次のうち間違いはどれでしょうか（2つあります）。

① スタックは後入れ先出し方式のメモリである。
② レジスタの数が多いほど高性能で、コストも高いCPUとなる。
③ CPUは制御装置とメモリで構成される。
④ 機械語の命令は単なる2値のビットパターンである。
⑤ プログラムもデータも同じメモリ上にあり、区切られた領域に存在する。

問題3 次はコンピュータの5大装置の説明ですが、それぞれ何という装置の説明でしょうか。

① CPUのパーツで、プログラムの実行を制御する装置です。
② CPUのパーツで、演算命令を処理する装置です。
③ プログラムとデータが記憶される装置です。
④ コンピュータへ情報を入力するための装置です。
⑤ コンピュータから情報を出力入力するための装置です。

問題4 次のうち間違いはどれでしょうか（2つあります）。

① ソースプログラムやオブジェクトプログラムなどはモジュールといわれる。
② プログラムのことをコードともいう。
③ アセンブリ言語はCPUに対応してそれぞれ存在する。
④ 実行形式プログラムをメモリに読み込むことをストアという。
⑤ プログラムは1つのソースプログラムで構成されることが多い。

CHAPTER 1　コンピュータとプログラムについて知っておこう

問題5　次のうち間違いはどれでしょうか（2つあります）。

① パーソナルコンピュータのOSにはMS-DOS、Windows、Linuxなどがある。
② OS上で管理される情報の単位はフォルダといわれる。
③ データベースはライトウェアである。
④ デバイスドライバはそれぞれのデバイスに対応したソフトウェアである。
⑤ 利用者に利便性を提供するソフトウェアはアプリケーションとよばれる。

CHAPTER 2

C#に触れてみよう

.NETにおけるプログラミング言語はC#だけでなく、これまでのWindowsで使用されていたVisual Basic、Visual C++などのプログラミング言語もサポートされています。
特にVisual BasicはこれまでのWindowsアプリケーションでも多くの場面で利用され、.NETにおいても利用者の多いプログラミング言語です。このため、C#とVisual Basicは.NETにおける2大言語といえます。

2-1	C#とは	P.34
2-2	C#の開発環境	P.38
2-3	C#のプログラムを見てみよう	P.44

2-1 C#とは

C#はMicrosoft社が提供する最新のプログラミング言語です。Microsoft社はBASICというプログラミング言語（OSでもある）の提供に始まり、MS-DOSにおいてはC、WindowsにおいてはVisual Basic（VB）、C++などのプログラミング言語を提供してきました。

2-1-1 ▶ C#の実行環境

　実行環境とはみなさんが作成するアプリケーションプログラムの実行を実現するための環境、あるいは世界です。

　これまでもVB、C++など多くのプログラミング言語がありましたが、これらのプログラミング言語は、Windowsをベースにそれぞれの言語がその実行環境を提供していました。実際の実行環境を提供するソフトウェアは「**ランタイムモジュール**」、あるいは単に「**ランタイム**」といわれます。ランタイムモジュールは各言語が提供するプログラムで、その言語で記述されたプログラムの実行をサポートします（図2.1）。

　このため、プログラミング言語の違いはその構文などの違いよりも、むしろそれぞれの実行環境の違いのほうが本質的な違いといっても過言ではありません。

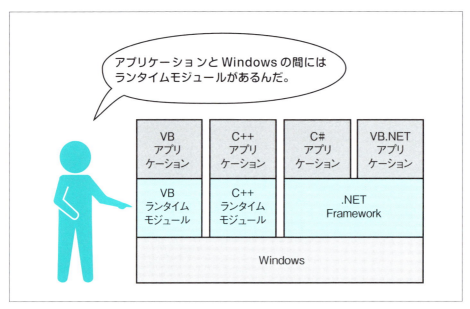

● 図2.1　ランタイムモジュール

2-1-2 .NET Frameworkの実行環境

C#は「.NET Framework」という次世代のアプリケーションプラットフォームの標準プログラミング言語として登場しました。

また、.NET Frameworkではプログラミング言語共通の「**共通言語ランタイム（CLR: Common Language Runtime）**」という実行環境が用意され、言語共通の実行環境を実現しています。これにより、C#も他の言語もその実行環境は .NET Frameworkの実行環境となります。

共通言語ランタイムはその名前の示すとおり、すべてのプログラミング言語共通の実行環境として存在し、言語共通のデータ型、中間言語（MSIL：Microsoft Intermediate Language）と仮想マシンという「**アーキテクチャ**」を実現しています（図2.2）。アーキテクチャとは、ハードウェア、ソフトウェアを含めたシステムの構築方法や設計思想などをさす言葉で、システムにおけるすべてのベースであり基本軸です[注1]。

これらの背景から、.NET Frameworkにおけるプログラミング言語の違いはその構文の違いだけとなり、たとえばC#とVisual Basic（.NET）とのプログラム間の連携なども可能としています。

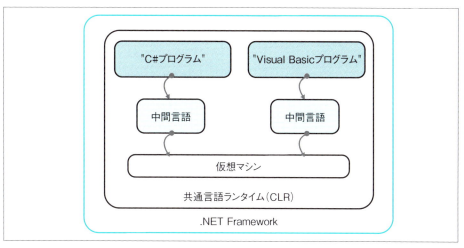

●図2.2　共通言語ランタイムと仮想マシン

2-1-3 .NET Frameworkクラスライブラリ

.NET Frameworkにおけるプログラムは共通言語ランタイムを基盤として動作しますが、これらのプログラムの実行単位は「**アセンブリ**」とよばれます。アプリケーションプログラムもアセンブリとして動作します。

 （注1）中間言語と仮想マシンについては「1章コンピュータとプログラムについて知っておこう」の「プログラミングとプログラム言語」を参考にしてください。

また、アプリケーションプログラムから利用できる多くの汎用的なプログラムもアセンブリとして用意されています。これらのアセンブリは多くの便利なプログラムが図書館のように体系化されていることから、一般に「**ライブラリ**」といわれます。

プログラムの実行環境の1つとしてライブラリの存在は不可欠です。たとえば.NET Framework以前のVisual Basic 6では「実行時ライブラリ」、Visual C++では「MFCライブラリ」というライブラリがそれぞれの実行環境をサポートしています。

そして、.NET Frameworkにおいては、「.NET Frameworkクラスライブラリ」というライブラリがすべての言語共通のクラスライブラリとして用意されています（図2.3）。

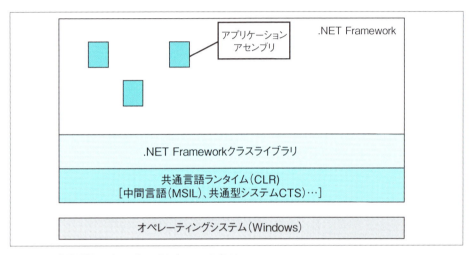

●図2.3 共通言語ランタイム（CLR）とクラスライブラリ

ハードウェアをベースに、オペレーティングシステム（Windows）、共通言語ランタイム、.NET Frameworkクラスライブラリと階層的に実行環境が積み上げられ、アプリケーションプログラムのアセンブリの動作環境が構築されます。このように階層的にソフトウェアを整理することで、それぞれの階層の役割と接点を明確にすることができ、拡張性を持たせることができます。

ここで「**クラス**」とはプログラムの単位であり、クラスの集合体がアセンブリ（実行単位）となります。実はクラスはC#言語の軸となる存在でもありますが、ここではアセンブリやクラスライブラリとの関係だけ知っておきましょう。

実際のプログラミングにおいては、この.NET Frameworkクラスライブラリを知ることが大切なポイントにもなります。

.NET Frameworkクラスライブラリは、4,000を超えるクラスからなる膨大なライブラリであり、今後も拡張されていくと考えられますが大きなカテゴリとしては、**表2.1**の4つのカテゴリに分けることができます。ここでは.NET Frameworkクラスライブラリの存在と、4つのカテゴリがあることだけ知っておきましょう。

● 表2.1　.NET Frameworkクラスライブラリのカテゴリ

カテゴリ	説明
Windowsフォーム	Windowsアプリケーション用のウィンドウ／ユーザインターフェースを提供するクラスライブラリ群です。Windowsアプリケーションの作成に必須となるクラスライブラリが含まれます。
ASP.NET	Webアプリケーション用のブラウザ／ユーザインターフェースを提供するクラスライブラリ群です。Webブラウザで利用するWebアプリケーションの作成に必須となるクラスライブラリが含まれます。
ASP.NET MVC	Webアプリケーション用のブラウザ／ユーザインターフェースを提供するクラスライブラリ群です。MVC（Model-View-Controller）パターンによるWebアプリケーションを作成するためのクラスライブラリが含まれます。
ADO.NET	データベースアクセスインターフェースを提供するクラスライブラリ群です。Windowsアプリケーション、Webアプリケーションを問わず、データベースを利用するプログラムに必須となるクラスライブラリが含まれます。
Entity Framework	データベースアクセスインターフェースを提供するクラスライブラリ群です。ADO.NETのテクノロジーセットです。
WPF	Windowsアプリケーション用のウィンドウ／ユーザインターフェースを提供するクラスライブラリ群です。XAML言語でユーザインターフェースを記述します。
基本	その他基本的な機能制御を提供するクラスライブラリ群です。.NET Frameworkで動作するすべてのプログラムに必須となるクラスライブラリが含まれます。

2-2 C#の開発環境

C#によるアプリケーションの開発は、「Microsoft Visual Studio」という開発ツールを利用します。ここでは、Microsoft Visual Studio 2017を使って説明を進めます。

2-2-1 ソリューションとプロジェクト

　Visual Studioではアプリケーションは「**プロジェクト**」という単位で管理されます。それぞれのプロジェクトの中にはそのアプリケーションで必要となるクラス（プログラムの単位）のファイルが作成されます。

　また、システムは複数のアプリケーションから構成されることも少なくありません。このため、複数のプロジェクトを集めて「**ソリューション**」という単位で管理することもできます。

　たとえば、図2.4では2つのソリューションがあり、それぞれ複数のプロジェクトから構成されていることを示しています。そして、ここでは2つのプロジェクトが共有されています。また、プロジェクトにはアプリケーションプロジェクトの他、それらの実行をサポートするライブラリプロジェクトもあります。

　それでは、実際にC#のプロジェクトを作成してみましょう。

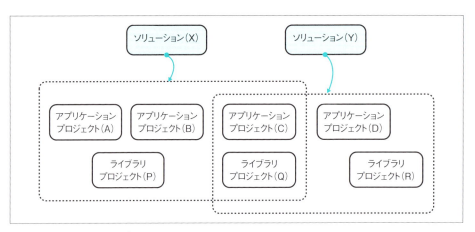

● 図2.4　ソリューションとプロジェクト

COLUMN

Microsoft Visual Studioのエディション

Microsoft Visual Studio 2017には、「Visual Studio 2017 Community」、「Visual Studio 2017 Professional」、「Visual Studio 2017 Enteriprise」などさまざまなエディションがありますが、C#の言語仕様の違いはありません。また、以降ではMicrosoft Visual Studioは「Visual Studio」と略記します。

2-2-2 新規プロジェクトの作成

まず、新規のプロジェクトを作成します。プロジェクトの作成手順を次に示します。

● Step1　「新しいプロジェクト」ダイアログの表示

新規のプロジェクトを作成するには、メニューから「ファイル」→「新規作成」→「プロジェクト」を選択し、「新しいプロジェクト」ダイアログを表示します（図2.5）。

● 図2.5　新しいプロジェクト

● Step2　プロジェクト情報の設定

ここで、「インストール済み」のツリーから「Visual C#」を選択し、「テンプレート」の一覧からは作成したいアプリケーションやライブラリなどのタイプを選択します（今回は「コンソール アプリ」（.NET Framework）を選択します）。

プロジェクトはそのタイプに合わせて多くのテンプレートから選択できますが、主なテンプレートとしては表2.2のようなものがあります。

ここで、「プロジェクト名」、「場所」、「ソリューション名」のフィールドは任意に指

CHAPTER 2　C#に触れてみよう

定します（今回はプロジェクト名に「Example_Startup」、場所に「C:\」、ソリューション名に「CS_SuperIntroduction」を指定します）。

● 表2.2　プロジェクトのテンプレート

テンプレート	説明
Windowsフォーム アプリケーション	Windowsアプリケーションを作成する場合のテンプレートです。
クラス ライブラリ	開発システム共通のクラスライブラリを作成する場合のテンプレートです。
ASP.NET Webアプリケーション	Webアプリケーションを作成する場合のテンプレートです。
ASP.NET Web サービスアプリケーション	Webサービスを作成する場合のテンプレートです。
コンソール アプリ	コンソールアプリケーションを作成する場合のテンプレートです。

● Step3　プロジェクトのひな型の作成

「OK」とすると図2.6のようなプログラムのひな型が自動的にできあがります。また、作成場所として指定したディレクトリには、図2.7、2.8のようなサブディレクトリとファイルができあがります。

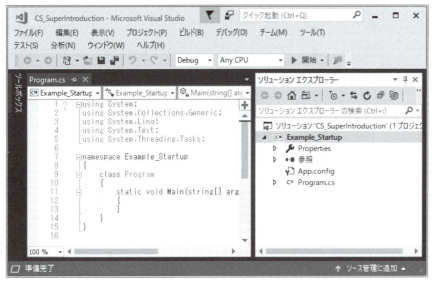

● 図2.6　コンソールアプリケーションのひな型

● 図2.7　コンソールアプリケーションのディレクトリ（1）

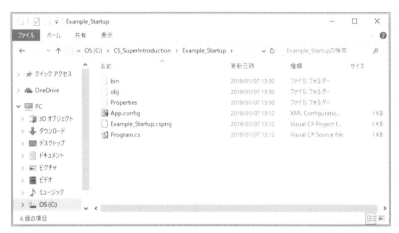

● 図2.8　コンソールアプリケーションのディレクトリ（2）

2-2-3　コンソールアプリケーション

「コンソール（Console）」とは、「制御卓」、「操作卓」の意味で、「コンソール アプリケーション」はテキスト画面ベースのアプリケーションを意味しています。たとえば、図2.9のようなイメージです。

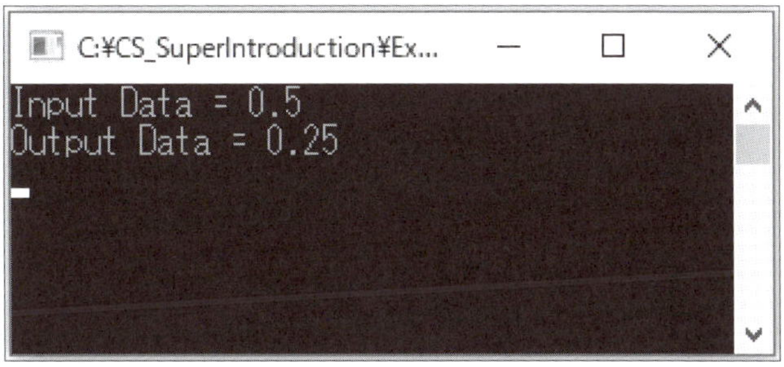

● 図2.9　コンソールアプリケーションのイメージ

2-2-4 メインプログラム

さて、図2.6に示したコンソールアプリケーションのひな型には、「Program」というクラスファイルが作成され、次の行があるのがわかります。

```
static void Main(string[] args)
```

この行の「Main」はここがこのコンソールアプリケーションの入り口であることを意味しています（ひとまずここでは「(string[] args)」などの詳細は気にしなくてかまいません）。

そして、このようにアプリケーションで最初に制御が渡るプログラムは「メインプログラム」とよばれます。

2-2-5 新規クラスファイルの作成

上記のメインプログラムだけでアプリケーションを作成することもできますが、一般的には多くのクラスが必要となります。

そこで、新規のクラスファイルを作成してみましょう。

なお「クラス」については7-3-2で解説しますが、ここではひとまずC#のプログラムの基本的な構成要素として理解しておいてください。

● Step1　「新しい項目の追加」ダイアログの表示

新規のクラスファイルを作成するには、新規のプロジェクトの作成と同様に、メニューから「ファイル」→「新規作成」→「ファイル」を選択し、「新しいファイル」ダイアログから「Visual C# クラス」を選択することで可能ですが、Visual Studioの「ソリューション エクスプローラ」からも簡単に作成することができます(注2)。

ソリューション エクスプローラのプロジェクト（今回は「Example_Startup」）を右クリックし、表示されるメニューの「追加」→「クラス」を選択し、「新しい項目の追加」ダイアログを表示します（図2.10）。

（注2）　ソリューション エクスプローラは右サイドに配置されています。

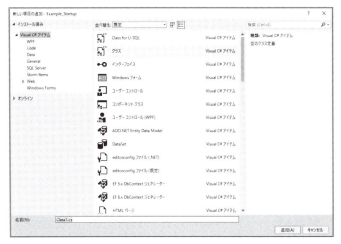

● 図2.10　新しい項目の追加

● Step2　クラス名の設定

ここで既に「テンプレート」として「クラス」が選択され、「ファイル名」のフィールドにも既定値（Class1.cs）が入っています（今回は「Startup.cs」とします）。

● Step3　クラスのひな型の作成

「追加」とすると図2.11のようなクラス（Startup）のひな型ができあがります[注3]。

1つのファイルに複数のクラスを入れることもできますが、基本的にはクラスとファイルは「1：1」でシンプルに管理します。

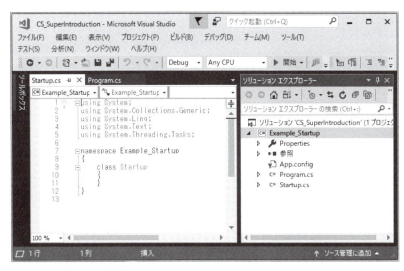

● 図2.11　クラスのひな型

（注3）　C#のクラスファイルの拡張子は「cs」と決まっています。

2-3 C#のプログラムを見てみよう

ここではC#のプログラムの雰囲気に慣れたいと思います。難しい構文などは避け、イメージとサンプルプログラムでC#の理解を進めます。普段使う言葉を覚えたのと同じように、文法からではなくイメージからつかんでいきましょう。

2-3-1 サンプルプログラム

それでは、「習うより、慣れろ。」ということで、さっそくC#のプログラム（**リスト2.1**）を眺めて見ましょう。

▼ リスト2.1　サンプルプログラム

```
01: Console.Write("Input Data = ");
         // -- ①「Input Data」を表示する
02: string inputText = Console.ReadLine();      // -- ②入力データを読み込む
03: // ---- 二乗計算！
04: double inputData = double.Parse(inputText);
         // -- ③数値の文字列を数値に変換する
05: double outputData = inputData * inputData;  // -- ④計算する
06: string outputText = outputData.ToString();
         // -- ⑤計算値を文字列に変換する
07: // ----
08: Console.WriteLine("Output Data = " + outputText);
         // -- ⑥計算結果を表示する
```

このサンプルプログラムは、入力された数値を二乗してその結果を出力するものです。たとえば、0.5を入力した場合の画面のイメージは**図2.12**のようなものになります。

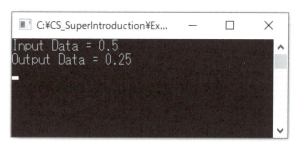

● 図2.12　サンプルプログラムの入力データと出力データ

二乗の計算を1回しかできないプログラムですが、このプログラムは次のような手順で実行されます。対応するプログラムと突き合わせてみてください。

手順① 画面に、"Input Data = " という文字列を表示する。
手順② キーボードから入力データ（数値の文字列）を読み込む。
手順③ 読み込んだ数値の文字列を数値データに変換する。
手順④ 数値データの二乗を計算する。
手順⑤ 計算した結果の数値を文字列に変換する。
手順⑥ 変換した文字列（計算結果）を画面に表示する。

なんとなく感じがつかめるでしょうか。

プログラムの文法などの詳細は気にしないで、ひとまずここでは次のような感じで、C#のプログラムの雰囲気だけをつかんでいただければOK.です。

・「Console」というもので画面に文字を表示したり、キーボードから文字を入力したりできるようだ。
・文の最後には「;」が必要となるようだ。
・「//」の後にはプログラムの説明が記述できるようだ。
・「*」という記号で乗算ができるようだ。
・「=」という記号で右側の計算値が左側に入るようだ。
・プログラムの中では文字と数値を別々に扱う必要があるようだ。
・文字から数値への変換は「double.Parse」というものでできるようだ。
・数値から文字への変換は「ToString」というものでできるようだ。

また、次のような疑問もあると思いますが、ここでは気にしないでください。

・「Console」って何？
・「string」って何？
・「double」って何？
・「;」はいつも必要なのか？
・計算の結果は「=」の左側に入るのか？
・文字から数値、数値から文字への変換で、スタイルが違うのはなぜ？

2-3-2　Consoleクラス

このプログラムの①と②と⑥の説明で「画面」および「キーボード」という表現がありますが、実際のプログラムでは「Console」というもので記述されています。

Consoleはそのままコンソール（操作卓）に対応し、実際の機器としてはディスプレイとキーボードの組み合わせが一般的です（図2.13）。実はこのConsoleは、.NET Frameworkクラスライブラリの基本クラスライブラリに含まれる代表的なクラスの1

つです。ここでは、Consoleはコンソールをプログラムで扱うための記号と考えてもらえれば、かまいません（イメージだけつかんでください）。

プログラムの①と⑥の「Console.Write」と「Console.WriteLine」は、コンソール（ディスプレイ）へ文字列を書き出すことを指示しています。（Console.WriteLineの場合 は改行もします。）

また、②の「Console.ReadLine」はコンソール（キーボード）から文字を読み込むことを指示しています。

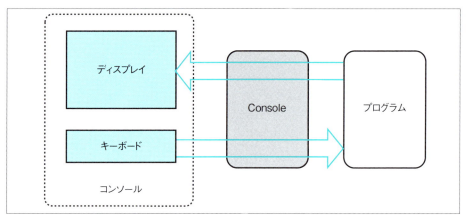

● 図2.13　コンソールとConsoleクラス

2-3-3　代入

このプログラムの②の「Console.ReadLine」ではコンソール（キーボード）から文字を読み込んでいます。実はキーボードから「Enter」キーを入力されるまでの入力文字のすべてが読み込まれます。たとえばキーボードを「0」、「.」、「5」、「Enter」と入力すると「0.5」という文字列が読み込まれます。

さて、そのConsole.ReadLineの左側には「string inputText =」という記述がありますが、これには2つの意味があります。

まず、「string inputText」はinputTextというものが文字列データの入れ物であることを意味しています。この入れ物は「変数」(注4)といわれます。また、「string」は文字列データを表現するもので「データ型」といわれます。

次に「=」ですが、これは右側の結果値を左側に入れる（複写する）ことを指示しています。これは「代入」(注5)といわれます。

 TIPS　（注4）　変数については8章の「変数」で改めて説明します。
　　　　　（注5）　データ型については6章で改めて説明します。

2-3-4 計算

このプログラムの④の「inputData * inputData」ではinputDataどうしを乗算しています。そしてその結果を「outputData」という変数に代入しています。実は「double」は実数のデータ型です。

「*」は乗算の記号で、他の四則演算は加算が「+」、減算が「-」、除算が「/」と、数式の記号と同じ、あるいは類似したものです(注6)。たとえば数式の「底辺×高さ÷2」は、C#では「底辺 * 高さ / 2」と記述することができます。

2-3-5 変換

このプログラムの③「double.Parse(inputText)」では、文字列データのinputTextを数値データに変換しています。また、⑤の「outputData.ToString()」では数値データのoutputDataを文字列データに変換しています。

③はdouble（実数）のデータ型のParseという機能（関数）を使って変換を実現しています。

一方、⑤はoutputDataというデータのToStringという機能（関数）を使って変換を実現しています。

要点整理

- .NET Frameworkではプログラミング言語共通の実行環境が用意されている。
- Visual Studioではアプリケーションはプロジェクトという単位で管理される。
- 複数のプロジェクトを集めてソリューションという単位で管理することもできる。

(注6) これらの記号は演算子とよばれ、9章で改めて説明します。

CHAPTER 2　C#に触れてみよう

練習問題

問題1　次のうち間違いはどれでしょうか（2つあります）。

① ライブラリはアプリケーションから利用可能なプログラムの集合体である。
② アーキテクチャは構築方法や設計思想など、システムにおける基本軸となる。
③ C#の実行環境は .NET Frameworkの実行環境とは別に存在する。
④ プログラムの実行単位はライブラリと呼ばれる。
⑤ 共通言語ランタイムはすべてのプログラミング言語共通の実行環境である。

問題2　次の◻︎◻︎◻︎を埋めてください。

◻︎①◻︎は.NET Frameworkの実行環境として、◻︎②◻︎と◻︎③◻︎のアーキテクチャにより、すべてのプログラミング言語共通のアプリケーションプラットフォームを実現しています。

問題3　次のうち間違いはどれでしょうか（2つあります）。

① C#のクラスファイルの拡張子は「cs」と決まっている。
② ひとつのファイルに複数のクラスを入れシンプルに管理する。
③ メインプログラムはアプリケーションで最初に制御が渡るプログラムである。
④ メインプログラムだけでアプリケーションを作成することはできない。
⑤ コンソール（Console）とは、制御卓、操作卓の意味である。

問題4　次の◻︎◻︎◻︎を埋めてください。

一般にシステムは複数のアプリケーションから構成されるため、複数の◻︎①◻︎を束ねて管理するものが必要となります。これが◻︎②◻︎です。

CHAPTER

3

C#の基本を理解しよう

C#がプログラム言語であることはいうまでもありませんが、プログラム言語はいわゆる言語でもあります。言語は文法や規則を持つことで、意味のある内容を記述することができます。
ここでは、C#という言語の記述方法について理解し、簡単なプログラムも作ってみましょう。

3-1	C#言語の基本スタイルを理解しよう	P.50
3-2	プログラムの構成要素を理解しよう	P.53
3-3	プログラムを作ってみよう(1)	P.56
3-4	プログラムを作ってみよう(2)	P.58

CHAPTER 3　C#の基本を理解しよう

3-1　C#言語の基本スタイルを理解しよう

当然ですが、C#言語は1つの言語として文法や規則を持ちます。前章ではC#言語のプログラミングのイメージや雰囲気に触れましたので、ここではC#言語の基本的な記述方法について理解していきましょう。

3-1-1　文の区切り

プログラムはコンピュータへの指示を手順にしたものですが、それぞれの指示は「文」、あるいは「**ステートメント**」とよばれます。

C#ではそれぞれの文の最後にセミコロン(;)を付けて文の区切りとします。1行に複数の文があってもかまいません。たとえば、2章で示したサンプルプログラム(**リスト2.1**)の①と②を1行にまとめて次のような記述も可能です。

```
Console.Write("Input Data = "); string inputText = Console.ReadLine();
```

逆に1つの文を複数の行に分けて記述してもかまいません。たとえば、④の行(**リスト2.1**)を次のように記述しても問題ありません。

```
double outputData =
    inputData * inputData;
```

このように、C#では文の区切りは、改行ではなくセミコロン(;)になります。これは、英語のピリオド(.)や、日本語のマル(。)で文を区切ることと基本的に同じです。

3-1-2　変数とデータの型って何?

プログラムにおいては、処理の都合上多くの場面でデータの入れ物が必要になります。このデータの入れ物は「**変数**」とよばれます。そして、それぞれの変数はどんなデータを入れるためのものかをそのデータの型で指定します。データの型によって扱える演算(計算)が違うためです。

プログラムを解読するコンパイラ(翻訳機)はこのデータ型を見て、コンパイル時(翻訳時)に、その記述が正しいかチェックをすることができます。

サンプルプログラム(リスト2.1)の②、③、④、⑤の文ではそれぞれ、**表3.1**のような変数を用意しています。このように変数を用意することは「**宣言**」するともいわれ、C#における変数の宣言はデータ型の後にスペースを空けて変数名を配置します。

C#ではこのように利用する変数は、そのデータ型を指定して用意（宣言）しておく必要があります（図3.1）。

● 表3.1　変数とデータの型

変数のデータ型		変数の名前と内容	
② string	文字列型	inputText	入力データの文字列
③ double	実数型	inputData	入力データの数値
④ double	実数型	outputData	出力データの数値
⑤ string	文字列型	outputText	出力データの文字列

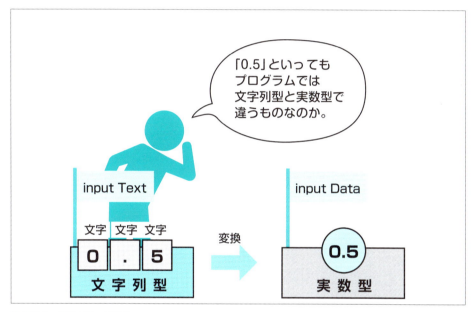

● 図3.1　変数とデータの型

3-1-3 ▶ コメント

　プログラムにおける説明は、「コメント」といわれます。プログラムに説明が付いていると見やすく、その後プログラムを見直したり、修正、あるいは拡張するなどの保守においても大変役に立ちます（先のサンプルプログラムでもコメントがあることで、プログラムの内容が理解しやすくなっていることがわかると思います）。

　コメントは、ほとんどのプログラミング言語でサポートされていますが、C#では表3.2のように、2つの方法でコメントをプログラムに含めることができます。2章のサンプルプログラムでは「//」によるコメントが使われています。「/*」と「*/」によるコメントは文の一部にコメントを入れたいケースや、複数行をまとめてコメントにしたい場合などに便利な書式です。

● 表3.2 コメント

コメントの書式	説明
//<コメント>	「//」の後の行末まではコメントと解釈されます。
/*<コメント>*/	「/*」と「*/」の間はコメントと解釈されます。

コメントは処理のまとまりをわかりやすくするなど、アクセントやポイントを付けることにも利用します。たとえば2章のサンプルプログラムにコメントを**リスト3.1**のように加えることもできます。

▼ リスト3.1 サンプルプログラムのコメント例

```
01: // ------------------------------------------------------------
02: //       コンソールから入力された数値を二乗してコンソールに表示します。
03: // ------------------------------------------------------------
04: //       (例)
05: //       Input Data =            →数値入力を促す表示
06: //       Input Data = 0.5        ←0.5を入力
07: //       Output Data = 0.25      →計算結果を表示
```

3-1-4　コーディング規則を知ろう

プログラムを読みやすいものとするため、あるいはチーム内でプログラムを共有しやすくするためには、プログラムの書き方に規則が必要となります。これは一般に「コーディング規則」、「コーディング規約」などとよばれます。

まったく他の人と共有する必要がなくても、ある規則に沿ってコーディングすることは自身のプログラムを読みやすくするというメリットがあります。このため、多くのプログラマは、通常独自のあるいは何らかのコーディング規則に沿ってコーディングしています。

コーディング規則は多岐に渡りますが、代表的なカテゴリとしては、名前つけ規則、レイアウト規則、コメント規則などがあります。たとえば、レイアウト規則ではプログラムの構造を見やすくするインデントの文字数などが決められます。

コーディング規則はプログラム言語の開発会社が先導するものや、業界標準的なものなどたくさんありますが、チーム開発などで採用されたコーディング規則は別として、独自のセンスで選択、取り入れてみてください。

3-2 プログラムの構成要素を理解しよう

制御文の説明に先立ちプログラムの構成要素について説明します。プログラムの構成要素には、「ステートメント」、「ブロック」、「ラベル」、「プロシジャ」があります。

3-2-1 ステートメントとブロック

プログラムの実行文は「ステートメント」とよばれ、ステートメントのまとまりは「ステートメントブロック」、あるいは単に「ブロック」とよばれます。ブロックは何階層にも内包することができ、一般の文書における章や節、段落などの文のかたまりに相当するものです(注1)。

たとえば、ステートメントの分岐において、分岐先を複数のステートメントのまとまり(ブロック)にするなどに利用されています。

ブロックは対象となるステートメントのまとまりを中カッコ({…})で囲んで指定します。

●構文
```
{
    <ステートメント>
    <ステートメント>
    <ステートメント>
    …
}
```

3-2-2 ラベル

ステートメントには名前を付けることができます。これは「ラベル」とよばれ、プログラムのジャンプ先の指定などに使われます。

ラベルはステートメントの識別子として、そのステートメントの前に配置します。そして、ステートメントとはコロン(:)で区切ります。

●構文
`<識別子>:<ステートメント>`

 (注1) 内部の階層的な関係は「入れ子」、あるいは「ネスト」とよばれます。

3-2-3 ▸ プロシジャ

　プログラムの実行の単位は、「**プロシジャ**」、「**ルーチン**」、「**関数**」などとよばれます。一般にプログラムは複数のプロシジャから構成されますが、プログラムの基本フローを持つプロシジャはメインプロシジャとよばれ、切り出されたプロシジャはサブプロシジャとよばれます。

　プログラムの流れはメインプロシジャからサブプロシジャへ、そしてサブプロシジャが終了するとメインプロシジャへ戻り、引き続きメインプロシジャの後続の処理が実行されます。また、メインプロシジャからサブプロシジャへの制御の移行を、プロシジャの「呼び出し」といいます。

　図3.2はこれをイメージ化したもので、まずメインプロシジャが実行され（①）、その途中でサブプロシジャが呼び出され（②）、実行され（③）、サブプロシジャが終了するとメインプロシジャへ戻り（④）、引き続きメインプロシジャの後続の処理が実行されています（⑤）。

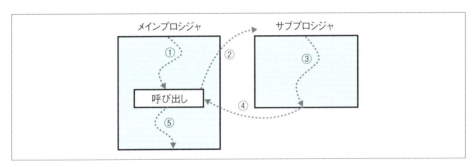

●図3.2　メインプロシジャとサブプロシジャ

　プロシジャからプロシジャへの呼び出しの階層に制限はなく、何階層にも渡って呼び出すことができます（図3.3）。

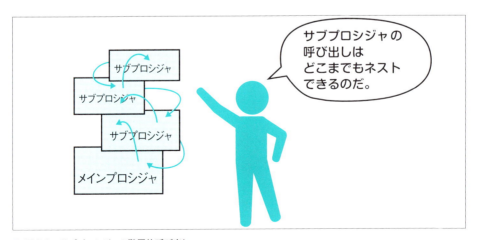

●図3.3　サブプロシジャの階層的呼び出し

3-2-4 ▶ パラメータ

　プロシジャはその動作を可変的なものとするために「パラメータ」を持つことができます。パラメータは1つの変数としてプロシジャにおいて定義されます。そして、プロシジャの呼び出し側で指定される実際のデータ値によりプロシジャの動作は可変的なものとなります。また、パラメータはカンマ (,) でつなぎ複数指定することもできます。

　図3.4はプロシジャの呼び出しとパラメータの具体的なイメージで、Squareというプロシジャにパラメータ（整数値5）を指定して呼び出しています。そして、Squareプロシジャではこの値をvalueという変数で受け取っています。

　ちなみに、このプロシジャは整数値の二乗を求めるもので、パラメータ値が5の場合は、その結果として25が返却されます（プログラムの内容については前章同様、雰囲気だけで、ここでは気にしないでください）。

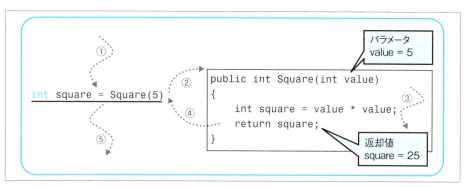

● 図3.4　プロシジャの呼び出しとパラメータ

CHAPTER 3　C#の基本を理解しよう

3-3　プログラムを作ってみよう (1)

言語の習得には実際に使って慣れるのが一番です。そこでここではC#の簡単なプログラムを作ってみたいと思います。まずはプログラミングの感触からつかんでいきましょう。

3-3-1　ここで作成するプログラム

それでは、C#の簡単なプログラムを作ってみましょう。ここで作りたいプログラムは次のようなものです。

「現在の日時をコンソールに表示するプログラム」

●Step0　新規のプロジェクトの作成

まずは、新規のプロジェクト（コンソール アプリケーション）を作成してください（作成方法は「C#の基本を理解しよう」の「C#の開発環境」の「新規プロジェクトの作成」を参照してください）。

コンソール アプリケーションのテンプレートを使ってプロジェクトを作成すると「Program」というクラスファイルが作られ、「Main」というメインプログラムが用意されます。

●Step1　メインプログラムの作成

リスト3.2のようにメインプログラム（Main）の内容を入力してください。

▼リスト3.2　メインプログラム (Step1)

```
01: static void Main(string[] args)
02: {
03:     DateTime now = DateTime.Now;
            // -- ①現在日時の変数(now)を用意
04:                         // -- …現在日時で初期設定
05:     Console.WriteLine("現在の日時は、{0} です", now);
06:                    // -- ②結果をコンソールに表示
07:         // ----
08:     Console.ReadLine();    // -- ③行入力待ちとする
09: }
```

「now」という変数を用意し、現在の日時で初期設定します（①）。C#では日付・時刻の

データ型として「DateTime」というデータ型が用意されています。また、現在の日時は「DateTime.Now」により取得することができます。

後はnowの値をコンソールに表示するだけです（②）。たとえば次のように表示されます。

> 現在の日時は、2019/01/01 0:00:00 です。

ここで「Console.WriteLine」を利用していますが、出力文字列の{n}には0から数えて後続n番目のパラメータが文字列として埋め込まれます。たとえば、nowの値が2019年1月1日の0時0分0秒であれば、文字列の「2019/01/01 0:00:00」に自動的に変換され、{0}の位置に埋め込まれます。

③の行入力待ちは、表示された結果を確認するために置いてあります。Enterキー入力でプログラムは終了します。

● **Step2　プログラムの実行**

それでは、作成したプログラムを実行してみましょう。実行すると図3.5のような実行結果になります。

> 現在の日時は、2019/01/01 0:00:00 です。

● 図3.5　実行結果

3-4 プログラムを作ってみよう (2)

先のプログラムの実行はできたでしょうか。さて、ここでは「プログラムを作ってみよう (1)」で作ったプログラムを少し進化させてみましょう。具体的には、日付と時刻の間に曜日を入れてみたいと思います。

3-4-1 ここで作成するプログラム

ここで作りたいプログラムは次のようなものです。

「現在の日時を曜日付きでコンソールに表示するプログラム」

● Step1　メインプログラムの作成

リスト3.3のようにメインプログラム (Main) の内容を入力 (変更) してください。変更点はnowの値を明示的に「日付」、「曜日」、「時刻」、それぞれの文字列に変換しているところです。また、これらの文字列をそれぞれ、{0}、{1}、{2}、に埋め込んでいます。

ここで、nowの値は「ToString」により文字列へ変換されますが、"d"の指定により日付の文字列へ、"ddd"の指定により曜日の文字列へ、"T"の指定により時刻の文字列へ変換されます。

▼リスト3.3　メインプログラム (Step1)

```
01: static void Main(string[] args)
02: {
03:     DateTime now = DateTime.Now;         // -- ①現在日時の変数 (now) を用意
04:                                          // -- …現在日時で初期設定
05:     Console.WriteLine("現在の日時は、{0}({1}){2} です",
06:         now.ToString("d"), now.ToString("ddd"), now.ToString("T"));
07:                                          // -- ②結果をコンソールに表示
08:          // --
09:     Console.ReadLine();                  // -- ③行入力待ちとする
10: }
```

● Step3　プログラムの実行

それでは、作成したプログラムを実行してみましょう。図3.6のような実行結果になりましたか?

> 現在の日時は、2019/01/01 0:00:00 です。

● 図3.6　実行結果

　DateTime型（日付・時刻型）のToStringのパラメータの書式指定文字は、1文字のタイプと2文字以上のタイプがあります。1文字のタイプは**表3.3**のように日付や時刻の標準的な書式がサポートされています。

　一方、2文字以上のタイプは、任意の文字との組み合わせも可能なもので、**表3.4**のような書式がサポートされています。このため、書式指定文字の「"d"」と「"yyy/MM/dd"」は同じ書式の指定となります。

● 表3.3　DateTime型（日付・時刻型）の標準的な書式指定文字

書式指定文字	書式サンプル
"d"	"2019/04/05"
"g"	"2019/04/05 12:30"
"G"	"2019/04/05 12:30:00"
"t"	"12:30"
"T"	"12:30:00"

● 表3.4　DateTime型（日付・時刻型）の組み合わせ可能な書式指定文字

書式指定文字	書式サンプル
"yyy"	"2019"
"MM"	"04"
"dd"	"05"
"ddd"	"月"
"HH"	"12"
"mm"	"30"
"ss"	"00"

要点整理

- 文の区切りはセミコロン（;）である。
- プログラムはステートメント、ブロック、ラベル、プロシジャで構成される。
- プログラムの実行の単位は、プロシジャ、ルーチン、関数などとよばれる。

CHAPTER 3　C#の基本を理解しよう

練習問題

問題1　次のうち間違いはどれでしょうか（2つあります）。

① コメントはプログラムの説明やその後の保守などに大変役立つ。
② C#は1行に複数の文があってもかまわない。
③ C#は1つの文を複数の行に分けて記述することはできない。
④ 変数の名前によって扱える演算（計算）が違う。
⑤ コーディング規則はプログラムを読みやすいものとするため、あるいはチーム内でプログラムを共有しやすくするためにある。

問題2　次の変数の宣言を記述してください。

① 「inputText」という名前の文字列型
② 「inputData」という名前の実数型

問題3　次のうち間違いはどれでしょうか（2つあります）。

① ブロックはステートメントのまとまりを大カッコ（[…]）で囲んで指定する。
② ラベルとステートメントとの間はセミコロン（;）で区切る。
③ プロシジャからプロシジャへの呼び出しの階層に制限はない。
④ ネストは内部への階層的な関係を意味することばで入れ子ともよばれる。
⑤ パラメータはプロシジャの動作を可変的なものとする。

問題4　次の◻◻◻を埋めてください。

◻①◻と◻②◻はどちらもプログラムの構成要素ですが、◻①◻が単にステートメントをまとめるための構成要素であるのに対し、◻②◻は呼び出され、呼び出しもとに戻る機構を持つ構成要素です。

CHAPTER

4

制御文を理解しよう（1）

プログラムは基本的に上から下へ順次実行されますが、条件によりこの流れを変更することで、さまざまなパターンに対応できます。そしてこのプログラムの流れを変更させる文は「制御文」とよばれます。

4-1	フロー制御と制御文	P.62
4-2	分岐文	P.66
4-3	プログラムを作ってみよう	P.70

4-1 フロー制御と制御文

プログラムの流れは「フロー」ともいわれ、プログラムの制御は「フロー制御」といわれます。コンピュータが得意な繰り返し処理などもこのフロー制御によるものです。ここではこのフロー制御とそれを指示する制御文について理解しましょう。

4-1-1 プログラムとフロー制御

ここで、トランプのカードからハートのエースのカードを選んでくるプログラムを考えてみましょう。

① すべてのカードに対し②の処理を繰り返す
② もしハートのエースだったらそのカードを選び、この繰り返しを抜ける

上記で下線を引いた部分がプログラムのフロー制御を必要とする箇所です。単に下へ流れるフローだけでは対応できず、繰り返しや条件により分岐するフローが必要になることがわかります。C#ではこれは**リスト4.1**のような記述になります。ここではプログラムの感触だけつかんでください。トランプのカードからハートのエースのカードを選んでくるプログラムがこんな感じのプログラムになることだけ眺めておいてください（図4.1）。

▼ リスト4.1　トランプのカードからハートのエースを選ぶプログラム

```
01:     ──── // -- ①すべてのカードに対し②の処理を繰り返す。
02: foreach(Card card in cards)
03: {
04:     ──── // -- ②もしハートのエースだったらそのカードを選び、この繰り返しを抜ける
05:     If(card.Name == "HEART-A")
06:     {
07:         selectedCard = card;
08:          break;
09:     }
10: }
```

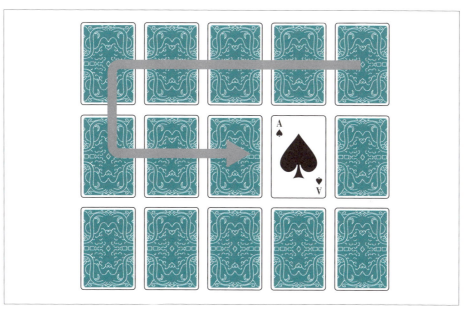

● 図4.1　トランプのカードの検索

4-1-2 　制御文

フローは単に下へ流れるだけでなく、条件により流れを変えることも可能です。そして、このフローを制御する文は「**制御文**」、あるいは「**制御ステートメント**」とよばれます。

制御文のカテゴリには分岐文、繰り返し文、ジャンプ文があります。

分岐文は次のステートメント（ブロック）を条件により分岐させる文です。繰り返し文はステートメント（ブロック）の繰り返しを指示する文です。ジャンプ文はプログラムの制御を任意のステートメントまで移動させる文です。これらの制御文を表4.1にまとめます。

● 表4.1　C#の制御文

	制御文	説明
分岐文	if文	指定の論理値により制御を2分岐させます。
	switch文	指定の選択値により制御を多分岐させます。
繰り返し文	while文	指定の論理値がtrueの間、後続のブロックを繰り返します。
	do文	必ず1度、後続のブロックを実行し、ブロックを閉じるwhileの論理値がtrueであれば、引き続きこのブロックを繰り返します。
	for文	指定の論理値がtrueの間、後続のブロックを繰り返します。 制御変数の初期設定とその変更の指定が構文上に規定されています。
	foreach文	「コレクション」といわれる項目リストの項目ひとつひとつを対象に後続のブロックを繰り返します。
ジャンプ文	break文	そのブロックの次の文にジャンプします。
	continue文	繰り返し文のブロックで、繰り返し文にジャンプします。
	return文	そのプロシジャの呼び出し元の次の文にジャンプ（復帰）します。
	goto文	指定の「ラベル」の文にジャンプします。

実はこれらの制御文はすべて、if文とgoto文だけで記述することもできます。（機械語の命令にはシンプルな分岐命令しかないことを思い出してください。）

しかし、よりわかりやすく開発効率のよいプログラムを記述するために、他の制御文も用意されています。

4-1-3 ▶ 制御文と比較演算

制御文による分岐、繰り返し、ジャンプなどのフロー制御は、「論理値」をキーとして実行されます。ここで、論理値とは「true」（真）か「false」（偽）の2値しか持たないデータです。

たとえば、true（真）の場合だけAの処理をする。あるいはtrue（真）の場合はAの処理をし、false（偽）の場合はBの処理をするなどの分岐が実現されます。

● 比較演算による論理値

制御文では、多くの場面で比較演算の結果の論理値が利用されます。

比較演算は、2つの値を比較するもので、比較したい値と値の間に「比較演算子」という演算子を置いて記述します。たとえば、2つの値が等しいかどうかをチェックする場合は、次のような記述になります。

```
value1 == value2
```

この演算の結果は論理値となり、2つの値が等しければtrueとなり、2つの値が等しくなければfalseとなります。

C#の比較演算子には、表4.2のようなものがあります。

● 表4.2 C#の比較演算子

比較演算子	説明
==	2つの値が等しい場合にtrueとなる。
!=	2つの値が等しくない場合にtrueとなる。
<	左辺の値が右辺の値より小さい場合にtrueとなる。
>	左辺の値が右辺の値より大きい場合にtrueとなる。
<=	左辺の値が右辺の値以下の場合にtrueとなる。
>=	左辺の値が右辺の値以上の場合にtrueとなる。

4-1-4 ▶ コレクション

同じデータ型の集まりを持つデータ型は、「コレクション」とよばれます[注1]。コレク

(注1) ちなみに、代表的なコレクションは後述する「配列」です。

ションのイメージは図4.2のようなものになります。

「コレクション-A」には4つの項目（要素）があり、「コレクション-B」には3つの項目が、数珠つなぎになっています。コレクションはこのようにデータ項目が順番に並んだイメージで、先頭からの並び順でデータ項目を特定することもできます。この並び順の番号は、「**シーケンス番号**」、「**インデックス**」などとよばれます。通常、シーケンス番号やインデックスは1から付けられることが多いですが、C#におけるコレクションのインデックスは0から付けられます。

ちなみに、データといわれるものはおよそコレクションといっても過言ではありません。身近なところで探しても、住所データ、電話番号データ、商品データ、顧客データ、予約データ、申請データ、受注データ、在庫データ、入金データ、などなど、これらのデータはすべてコレクションとして扱うことができます。そして、繰り返し計算が得意なコンピュータのプログラムにおいて、このコレクションの要素データを順次扱いたいケースは少なくありません。

C#ではこのための制御文としてforeach文が用意されています。

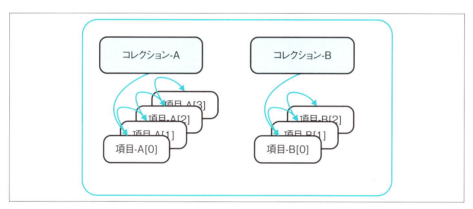

● 図4.2　コレクションのイメージ

4-2 分岐文

分岐文は選択文ともよばれ、フローを2つ、あるいは複数に分岐（選択）させる制御文です。分岐文はフロー制御の基本ともいえるため、ここでその使い方などをしっかり理解しましょう。

4-2-1 分岐文の種類を知ろう

2分岐と多分岐の2つのタイプの分岐文があります（**表4.3**）。

● 表4.3 分岐文

分岐文	説明
if文	指定の論理値により制御を2分岐させます。
switch文	指定の選択値により制御を多分岐させます。

4-2-2 if文

if文は指定の論理値により制御を2分岐させる制御文です（**図4.3**）。

論理値がtrueの場合は、trueブロックが実行され、論理値がfalseの場合は、falseブロックが実行されます。

if文は、trueブロックとfalseブロックのあるタイプと、trueブロックだけのタイプがあります。falseブロックがない場合に論理値がfalseの場合は、次の文が実行されます。if文をサンプルプログラムで確認してみましょう（**リスト4.2**）。

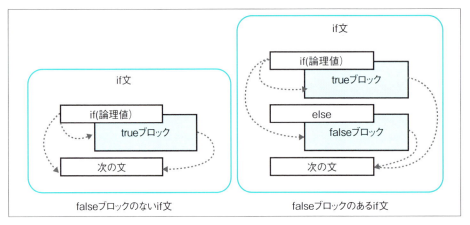

● 図4.3　if文

▼ リスト4.2　if文のサンプルプログラム①

```
01: string check = "?";
02: if (point >= 60)
03: {
04:     check = "合格";
05: }
06: else
07: {
08:     check = "不合格";
09: }
```

このサンプルプログラムは、pointが60以上であればcheckという変数に"合格"を代入し、そうでなければ"不合格"を代入するものです。これはfalseステートメントがある例ですが、同様の内容をtrueステートメントだけで記述したものがリスト4.3です。

リスト4.3では、変数checkの初期値として"不合格"を設定しておき、pointが60以上の場合だけこれを"合格"に再設定します。

▼ リスト4.3　if文のサンプルプログラム②

```
01: string check = "不合格";
02: if (point >= 60)
03: {
04:     check = "合格";
05: }
```

次にリスト4.4のサンプルプログラムをみてください。

point（0〜100）を評価文字列に変換するプログラムです。elseの文が多重にネストしているのが特徴的です。このロジックを図で表現すると図4.4のようなものになります。

pointが60より小さければ"NG."、pointが80より小さければ"Good!"、pointが100より小さければ"Fine!"、pointが100であれば"Excellent!"、が評価文字列となります。

▼ リスト4.4　if文のサンプルプログラム③

```
01: public string Evaluation1(int point)
02: {
03:     string eval = "?";
04:     if (point < 60){eval = "NG.";}
05:     else if (point < 80){eval = "Good!"; }
06:     else if (point < 100){eval = "Fine!";}
07:     else if (point == 100){eval = "Excellent!";}
08:     return eval;
09: }
```

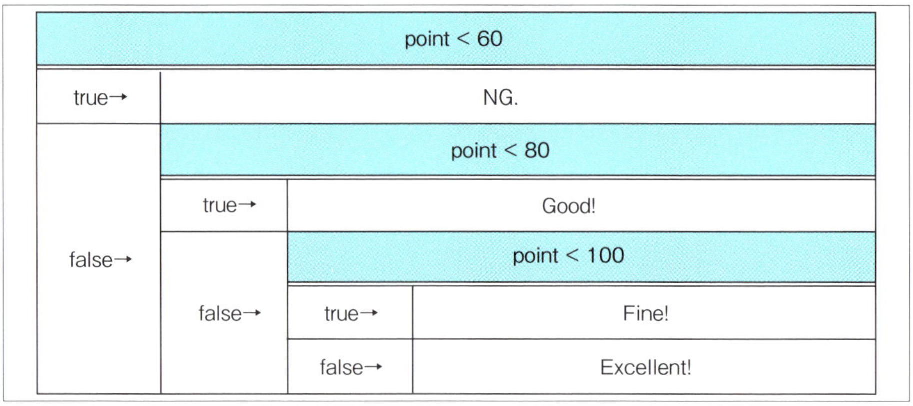

				point < 60	
true→				NG.	
false→				point < 80	
	true→			Good!	
	false→			point < 100	
		true→		Fine!	
		false→		Excellent!	

● 図4.4　if文のネスト

4-2-3　switch文

　switch文は指定の選択値により制御を多分岐させる制御文です（**図4.5**）。case文ともよばれます。たとえば選択値がAの場合、Bの場合、その他の場合、…などに応じた処理を記述することができます。

　switch文は選択値が評価され、caseの値と合致するステートメントに分岐します。ここで、合致するcaseがない場合は、defaultのステートメントに分岐します。そして、break文によりこのswitch文のブロックを抜け出します。

　switch文をサンプルプログラムで確認してみましょう（**リスト4.5**）。

　このプログラムは、if文のサンプルプログラムと同様の変換をswitch文とbreak文で記述したものです。まず、point値を20で除算し0〜5のレベルに変換します（具体的には0〜19のレベルは0、20〜39のレベルは1、40〜59のレベルは2、60〜79のレベルは3、80〜99のレベルは4、100のレベルは5、となります）。そしてswitch文を使い、このレベルに応じた文字列をevalに設定しています。このように多分岐の場合はif文よりも、switch文のほうが選択値と処理との対応をわかりやすく記述できます。

　また、case処理の終了として必ずbreak文を使用します。

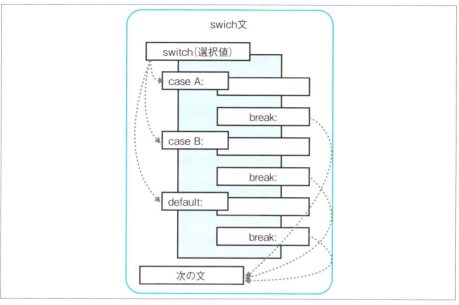

● 図4.5　switch文

▼ リスト4.5　switch文とbreak文のサンプルプログラム

```
01: public string Evaluation2(int point)
02: {
03:     string eval = "?";
04:     int level = point / 20;
05:     switch (level)
06:     {
07:         case 0:
08:         case 1:
09:         case 2: eval = "NG.";        break;
10:         case 3: eval = "Good!";      break;
11:         case 4: eval = "Fine!";      break;
12:         case 5: eval = "Excellent!"; break;
13:         default:                     break;
14:     }
15:     return eval;
16: }
```

4-3 プログラムを作ってみよう

プログラムのフロー制御において、分岐文（if文、switch文）は基本的な制御文となるため、if文とswitch文の違いをしっかり理解しましょう。また、プログラムを実際に作成して、その使い方の感触もつかんでおきましょう。

4-3-1 ここで作成するプログラム

それでは、分岐文を使ったプログラムを作ってみましょう。ここで作りたいプログラムは次のようなものです。

「今日の日付と曜日をコンソールに表示するプログラム」

● **Step1　プログラムの骨組みの作成**

まずは、プログラムで必要となるデータの変数を用意し、結果をコンソールに表示する部分を作成しましょう。

リスト4.6のようにメインプログラム（Main）の内容を入力してください。

▼ リスト4.6　メインプログラム（Step1）

```
01: static void Main(string[] args)
02: {
03:     string dayOfWeekText = "?";
                // -- ①曜日文字の変数 (dayOfWeekText) を用意
04:                                              // -- …初期値を"?"に設定
05:     DateTime today = DateTime.Today;
                // -- ②本日の日付変数 (today) を用意
06:                                              // -- …本日に初期化
07:         // ----
08:     Console.WriteLine("今日は、{0}({1})です。",
09:         today.ToString("d"), dayOfWeekText);
10:                                              // -- ③結果をコンソールに表示
11:         // ----
12:     Console.ReadLine();
                // -- ④行入力待ちとする
13: }
```

「dayOfWeekText」という変数は曜日文字のデータで、初期値を"?"としておきます（①）。

「today」という変数には本日の日付データを持たせます（②）。DateTime データ型は、C#で用意されている日付と時刻のデータ型です。また、本日の日付は「DateTime.Today」により取得することができます。

そして、④によるコンソールの表示は次のようなものになります。

今日は、2019/01/01（?）です。

●Step2　　曜日文字の取得

後は曜日文字（dayOfWeekText）に今日の曜日を設定するだけです。**リスト4.7**のようにメインプログラム（Main）の内容を入力してください。

▼リスト4.7　メインプログラム（Step2）

```
01: static void Main(string[] args)
02: {
03:     string dayOfWeekText = "?";
                // -- ①曜日文字の変数（dayOfWeekText）を用意
04:
                // -- …初期値を"?"に設定
05:     DateTime today = DateTime.Today;
                // -- ②本日の日付変数（today）を用意
06:                                         // -- …本日に初期化
07:     switch (today.DayOfWeek)
                // -- ●⑤曜日で分岐
08:     {
09:         case DayOfWeek.Sunday: dayOfWeekText = "日"; break;
                // -- ●日曜日文字の設定
10:         case DayOfWeek.Monday: dayOfWeekText = "月"; break;
                // -- ●月曜日文字の設定
11:         case DayOfWeek.Tuesday: dayOfWeekText = "火"; break;
                // -- ●火曜日文字の設定
12:         case DayOfWeek.Wednesday: dayOfWeekText = "水"; break;
                // -- ●水曜日文字の設定
13:         case DayOfWeek.Thursday: dayOfWeekText = "木"; break;
                // -- ●木曜日文字の設定
14:         case DayOfWeek.Friday: dayOfWeekText = "金"; break;
                // -- ●金曜日文字の設定
15:         case DayOfWeek.Saturday: dayOfWeekText = "土"; break;
                // -- ●土曜日文字の設定
16:         default: break;
                // -- ●
17:     }
18:             // ----
19:     Console.WriteLine("今日は、{0}（{1}）です。",
20:         today.ToString("d"), dayOfWeekText);
21:                                 // -- ③結果をコンソールに表示
```

```
22:                    ──── // ----
23:        Console.ReadLine();              ──── // -- ④行入力待ちとする
24:    }
```

　ここで、曜日別に曜日文字を設定するためにswitch文を使います。本日のtodayの曜日を求めるためには、DateTime型の「DayOfWeek」という属性を利用します。DayOfWeekメソッドの結果は曜日を示す「DayOfWeek」という「列挙型」のデータになります。

　列挙型とは一連の定数をセットで扱うためのデータ型で、DayOfWeek列挙型では、日曜日〜土曜日までの曜日を識別します。

　⑤のswitch文ではDayOfWeek列挙型により多分岐させ、それぞれの曜日別に曜日文字を設定しています。このケースではdefaultの文に制御が渡ることはあり得ないため、defaultの文は必要ありませんが、defaultを配置することでその他のケースでは何もしないことを明確に示すことができます。

● Step3　　プログラムの実行

　それでは、作成したプログラムを実行してみましょう。図4.6のような実行結果になります。

> 今日は、2019/01/01（金）です。

● 図4.6　実行結果

要点整理

- 分岐文は条件によりフロー分岐させる制御文である。
- 繰り返し文は同じ処理を繰り返すフローを指示する制御文である。
- ジャンプ文は任意のステートメントまでフローを移動させる制御文である。
- if文は指定の論理値により制御を2分岐させる制御文である。
- switch文は指定の選択値により制御を多分岐させる制御文である。

練習問題

問題1 次の▢を埋めてください。

▢①▢文がないとフローが1方向へのプログラムしか記述できません。
繰り返し処理や状況に対応できるプログラムを記述するためには、条件によりフローを分岐させることができる▢①▢文と、任意の文へジャンプさせることができる▢①▢文が必要となります。
▢①▢文による分岐、繰り返し、ジャンプなどのフロー制御は▢②▢をキーとして実行されます。また、多くの場面で比較演算の結果の▢②▢が利用されます。

問題2 次の▢を埋めてください。

▢①▢文と▢②▢文のいちばんの違いは、▢①▢文が二分岐であるのに対し、▢②▢文が多分岐である点です。

問題3 次のプログラムをif文で記述してください。

```
switch (level)
{
    case 0: eval = "OK.";       break;
    case 1: eval = "Warning!";  break;
    case 2: eval = "Error!";    break;
    default: eval = "Unknown!"; break;
}
```

問題4 次の▢プログラムのを埋めてください。

このプロシジャはパラメータ値 (point) が0～39の場合は"降格"、40～79の場合は"維持"、それ以上の場合は"昇格"の文字列を返却するものです。

```
public string Evaluation1(int point)
{
    string eval = "昇格";
    if (point < ① )
    {
    eval = "降格";
    }
    else if (point < ② )
    {
```

```
        eval = "維持";
    }
        return eval;
}
```

問題5 次のプログラムの [　　　] を埋めてください。

このプロシジャはパラメータ値（point）が0～39の場合は"降格"、40～79の場合は"維持"、それ以上の場合は"昇格"の文字列を返却するものです。

```
public string Evaluation2(int point)
{
    string eval = "?";
    int level = point /[  ①  ];
    switch (level)
    {
        case 0: eval = "降格";       break;
        case 1: eval = "維持";       break;
        [  ②  ]: eval = "昇格";       break;
    }
    return eval;
}
```

CHAPTER 5

制御文を理解しよう（2）

プログラムのフローを制御する制御文のカテゴリには「分岐文」、「繰り返し文」、「ジャンプ文」があります。フロー制御の基本となる「分岐文」については前章で見てきましたので、ここでは「繰り返し文」と「ジャンプ文」について見ていきましょう。

5-1	繰り返し文	P.76
5-2	ジャンプ文	P.81
5-3	プログラムを作ってみよう	P.85

5-1 繰り返し文

繰り返し文は、ステートメント、あるいはブロックの繰り返し実行を指示する制御文です。たとえば「検索」は対象のデータの中からキーワードにマッチするデータを見つけ出す処理ですが、このフロー制御にも繰り返しが利用されます。

5-1-1 繰り返し文の種類を知ろう

繰り返し方法に応じて、4つのタイプの繰り返し文があります（表5.1）。以降でそれぞれの繰り返し文を見ていきましょう（図5.1）。

● 表5.1 繰り返し文

繰り返し文	説明
while文	指定の論理値がtrueの間、後続のブロックを繰り返します。
do文	必ず1度後続のブロックを実行し、ブロックを閉じるwhileの論理値がtrueの間このブロックを繰り返します。
for文	指定の論理値がtrueの間、後続のブロックを繰り返します。制御変数の初期設定とその変更の指定が構文上に規定されています。
foreach文	コレクションのすべての要素ひとつひとつを対象に、後続のブロックを繰り返します。

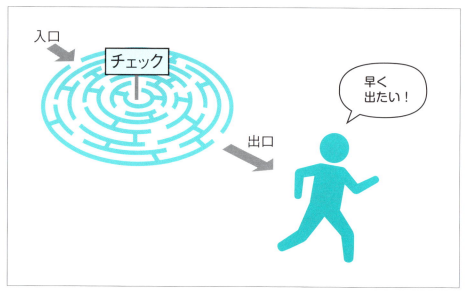

● 図5.1 繰り返しの制御フロー

5-1-2 while文

while文は指定の論理値がtrueの間、後続のブロックを繰り返す制御文です(**図**5.2)。while文をサンプルプログラムで確認してみましょう(**リスト**5.1)。

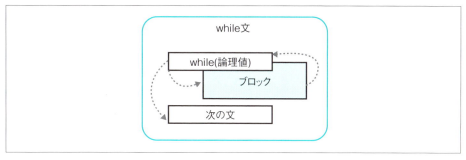

● 図5.2　while文

▼ リスト5.1　while文のサンプルプログラム

```
01: public int Factorial1(int value)
02: {
03:     int factorial = 1;
04:     int n = value;
05:     while (n > 1)
06:     {
07:         factorial *= n;
08:         n--;
09:     }
10:     return factorial;
11: }
```

このプログラムは、valueの階乗を求めるものです。nという変数をvalueから1までカウントダウンして階乗を求めています(while文の中に入るのはnが2以上の場合)。

5-1-3　do文

do文は必ず1度後続のブロックを実行し、ブロックを閉じるwhileの論理値がtrueの間このブロックを繰り返す制御文です(**図**5.3)。do文をサンプルプログラムで確認してみましょう(**リスト**5.2)。

このプログラムもwhile文のサンプルプログラムと同様に階乗を求めるものです。ここで、nという変数は1から(value +1)までカウントアップします。

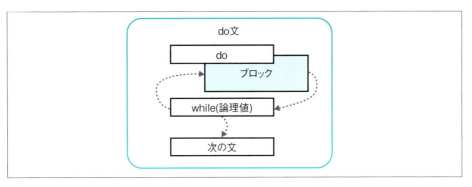

●図5.3 do文

▼リスト5.2 do文のサンプルプログラム

```
01: public int Factorial2(int value)
02: {
03:     int factorial = 1;
04:     int n = 1;
05:     do
06:     {
07:         factorial *= n;
08:         n++;
09:     } while (n <= value);
10:     return factorial;
11: }
```

5-1-4 　for文

　for文はwhile文と同様、指定の論理値がtrueの間、後続のブロックを繰り返す制御文です（図5.4）。

　さて、ここでwhile文のパターンを整理してみましょう。while文はその論理値を条件に繰り返しを抜けるかどうかを制御していますが、この論理値の元となる変数は「制御変数」といわれます。（while文のサンプルプログラムでは変数「n」です。）そして、この制御変数は必ず初期設定され、繰り返し処理の最後に変更されるパターンとなります。

　for文は基本的にwhile文と同様の働きをしますが、制御変数の初期設定と、繰り返しごとの比較演算、およびその値を変更する一式の文をfor文の中に記述します。それではfor文もサンプルプログラムで確認してみましょう（リスト5.3）。

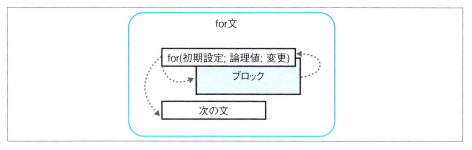

● 図5.4　for文

▼ リスト5.3　for文のサンプルプログラム

```
01: public int Factorial3(int value)
02: {
03:     int factorial = 1;
04:     for (int n = value; n > 1; n--)
05:     {
06:         factorial *= n;
07:     }
08:     return factorial;
09: }
```

　このプログラムもwhile文のサンプルプログラムと同様に階乗を求めるものです。while文のサンプルプログラムと比べてみてください。制御変数の初期設定とその変更がfor文の構文の中に収められているのがわかります。

　while文とfor文の使い分けは、ケースによるというよりも好みの問題になると思います。みなさんはwhile文とfor文、どちらが好きですか？

5-1-5　foreach文

　foreach文は指定されたコレクションのすべての要素ひとつひとつを対象に後続のブロックを繰り返す制御文です（**図**5.5）。

　foreach文の書式や使い方についても、実際のサンプルプログラムで確認してみましょう（**リスト**5.4）。

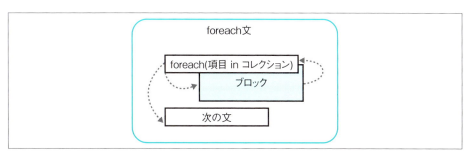

● 図5.5　foreach文

CHAPTER 5　制御文を理解しよう（2）

▼リスト5.4　foreach文とcontinue文のサンプルプログラム

```
01: public int Total1(int[] values)
02: {
03:     int total = 0;
04:     foreach (int value in values)
05:     {
06:         if (value <= 0)
07:         {
08:             continue;
09:         }
10:         total += value;
11:     }
12:     return total;
13: }
```

このプログラムは、valuesによる配列（コレクション）の正の値だけの合計を求めるものです。

まず、合計値となる変数「total」を用意し0で初期化します。次にforeach文の「value」という変数にvaluesコレクションのひとつひとつの要素が順次設定され、すべての要素に対しforeach文のブロックの処理が繰り返されます。

具体的にはvalueの値が負の場合は後述するcontinue文により次の要素に対象を移し、0以上の場合はvalueの値をtotalへ加算します。

5-2 ジャンプ文

ジャンプ文はプログラムの制御を任意のステートメントまで移動させる制御文です。また、単独で機能するジャンプ文は「goto文」だけで、「break文」と「continue文」は多分岐や繰り返しブロックに対して機能し、「return文」はプロシジャに対して機能するジャンプ文です。

5-2-1 ジャンプ文の種類を知ろう

ジャンプする場面に応じて4つのタイプのジャンプ文があります（表5.2）。

● 表5.2　繰り返し文

ジャンプ文	説明
break文	そのブロックの次の文にジャンプします。
continue文	繰り返し文のブロックで、繰り返し文にジャンプします。
return文	そのプロシジャの呼び出し元の次の文にジャンプ（復帰）します。
goto文	指定の「ラベル」の文にジャンプします。

5-2-2 break文

break文はそのブロックを抜け、次のステートメントにジャンプする制御文です（図5.6）。break文は一般にswitch文や繰り返し文のブロックで利用されます。

break文をサンプルプログラムで確認してみましょう（リスト5.5）。

このプログラムは、while文のサンプルプログラムと同様、valueの階乗を求めるものです。whileブロックからの抜け出しにbreak文を使っています。

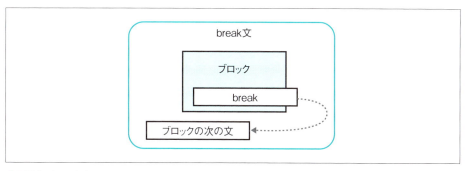

● 図5.6　break文

▼ リスト5.5　while文とbreak文のサンプルプログラム

```
01: while (true)
02: {
03:     if (n <= 1)
04:     {
05:         break;
06:     }
07:     factorial *= n;
08:     n--;
09: }
```

5-2-3 ▶ continue文

continue文はそのブロックの繰り返し文にジャンプする制御文です（図5.7）。continue文は基本的に繰り返し文のブロックで利用されます。

continue文のサンプルプログラムはforeach文のサンプルプログラムを参照してください。

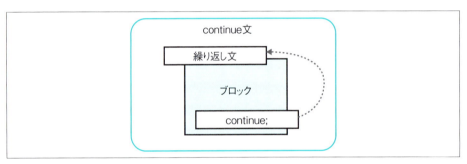

● 図5.7　continue文

5-2-4 ▶ return文

return文はそのプロシジャを抜け、その呼び出し元の次の文にジャンプ（復帰）する制御文です（図5.8）。return文はプロシジャの呼び出しと対で利用されます。

return文をサンプルプログラムで確認してみましょう（リスト5.6）。

このプログラムは、while文のサンプルプログラムと同様、valueの階乗を求めるものです。whileブロックからの抜け出しにreturn文を使っています。

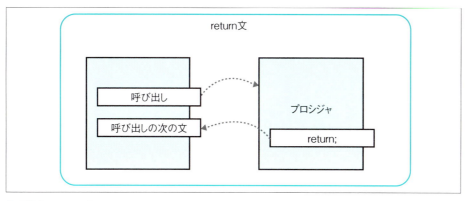

●図5.8 return文

▼リスト5.6　while文とreturn文のサンプルプログラム

```
01: while (true)
02: {
03:     if (n <= 1)
04:     {
05:         return factorial;
06:     }
07:     factorial *= n;
08:     n--;
09: }
```

5-2-5 goto文

　goto文は指定の「ラベル」の文にジャンプする制御文です（**図**5.9）。

　C#を含め文をまとめるブロックがサポートされているプログラミング言語ではgoto文の必要性はないといっても過言ではありません。

　また、goto文はプログラムの流れを強制的に変えてしまうため、一般にプログラムは読みづらくなります。このため、その使用はできる限り避けることが望ましいと考えられます。しかし、これを承知であえて利用したいケースのために用意されています。

　goto文をサンプルプログラムで確認してみましょう（**リスト**5.7）。

　このプログラムは、while文のサンプルプログラムと同様、valueの階乗を求めるものです。少々無理やりgoto文を使っていることもありますが、goto文を使ったプログラムは複雑になってしまうことがわかります。

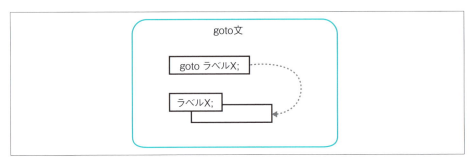

●図5.9 goto文

▼リスト5.7 while文とgoto文のサンプルプログラム

```
01: while (true)
02: {
03:     if (n <= 1)
04:     {
05:         goto Exit;
06:     }
07:     factorial *= n;
08:     n--;
09: }
10: Exit:
```

5-3 プログラムを作ってみよう

C#における制御文は前章の分岐文と、ここでの繰り返し文とジャンプ文ですべてになります。プログラムの制御フローがこれらの制御文でイメージできるようになればしめたものです。繰り返し文とジャンプ文についてもプログラムを実際に作成して、その使い方の感触をつかんでおきましょう。

5-3-1 ここで作成するプログラム

それでは、繰り返し文を使ったプログラムを作ってみましょう。ここで作りたいプログラムは次のようなものです。

「0～10までの整数値の階乗を求めてコンソールに表示するプログラム」

● Step1　階乗を求めるプロシジャの骨組みの作成

最初に指定された整数値の階乗を求めるプロシジャを作成してみましょう。

リスト5.8のプロシジャ（Factorial）をメインプログラム（Main）の下に追加で入力してください。

これはプロシジャ（Factorial）の骨組みになります。乗数値の変数（n）をパラメータ指定値（value）から1まで繰り返すだけのものです。

④の繰り返し文以外はイメージだけつかんでおきましょう。

▼リスト5.8　Factorialプロシジャ（Step1）

```
01:     // -------- ①プロシジャ（Factorial）を定義
02: static int Factorial(int value)
03: {
04:     int factorial = 1;         // -- ②結果値の変数（factorial）を用意
05:     // --             …初期値を1に設定
06:     int n = value;             // -- ③乗数値の変数（n）を用意
07:     // --             …パラメータ指定値（value）で初期化
08:     while (n > 1)              // -- ④nが1より大きい場合のみwhile文の中へ
09:     {
10:         // ----
11:         n--;                   // -- ⑤nから1を減らす
12:     }                          // --  …④へ戻る
13:     return factorial;          // -- ⑥factorialの値を返却する
14: }
```

● Step2　階乗を求めるプロシジャの中身の作成

作成したプロシジャ(Factorial)の骨組みの中に階乗を行う部分を組み込んでみましょう。

リスト5.9のようにプロシジャ(Factorial)の内容を入力してください。

実はこのプロシジャ(Factorial)の内容はWhile文の説明に用いたサンプルプログラム(Factorial1)と同じものです。

▼ リスト5.9　Factorialプロシジャ(Step2)

```
01:    ──── // ──── ①プロシジャ(Factorial)を定義
02:    static int Factorial(int value)
03:    {
04:        int factorial = 1;──── // -- ②結果値の変数(factorial)を用意
05:            ──── // -- …初期値を1に設定
06:        int n = value;    ──── // -- ③乗数値の変数(n)を用意
07:            ──── // -- …パラメータ指定値(value)で初期化
08:        while (n > 1)    ──── // -- ④nが1より大きい場合のみwhile文の中へ
09:        {
10:            factorial *= n;──── // -- ●⑦factorialにnを乗じる
11:            ──── // ----
12:            n--;        ──── // -- ⑤nから1を減らす
13:        }                ──── // -- …④へ戻る
14:        return factorial;──── // -- ⑥factorialの値を返却する
15:    }
```

● Step3　メインプログラムの骨組みの作成

次にこのプロシジャ(Factorial)を利用して、0～10までの整数値の階乗を求めてコンソールに表示するメインプログラムを作成してみましょう。

リスト5.10のようにメインプログラム(Main)の内容を入力してください。

これはメインプログラムの骨組みになります。対象値の変数(value)を0から10まで繰り返すだけのものです。いってみれば次の部分になります。

「0～10までの**整数値の**…プログラム」

②の繰り返し文以外はイメージだけつかんでおきましょう。

▼リスト5.10 メインプログラム（Step3）

```
01: static void Main(string[] args)
02: {
03:     int value = 0;          // -- ①対象値の変数(value)を用意
04:                             // -- …初期値を0に設定
05:     while(value <= 10)
                                // -- ②valueが10以下の場合のみwhile文の中へ
06:     {
07:                 // ----
08:         value++;            // -- ③valueに1を加える
09:     }                       // -- …②へ戻る
10:     Console.ReadLine( );    // -- ④行入力待ちとする
11: }
```

● Step4　　メインプログラムの中身の作成

作成したメインプログラムの骨組みの中に次の部分を組み込んでみましょう。

「整数値の階乗を求めてコンソールに表示する」

リスト5.11のようにメインプログラム（Main）の内容を入力してください。
⑥では階乗の結果をコンソールに表示しています。たとえばvalueが10の場合は次のように表示されます。

```
10の階乗 =  3,628,800
```

▼リスト5.11 メインプログラム（Step4）

```
01: static void Main(string[] args)
02: {
03:     int value = 0;          // -- ①対象値の変数(value)を用意
04:                             // -- …初期値を0に設定
05:     while(value <= 10)
                                // -- ②valueが10以下の場合のみwhile文の中へ
06:     {
07:         int factorial = Program.Factorial(value);
08:                  // -- ●⑤Factorialの呼び出し
09:         Console.WriteLine("{0}の階乗 = {1}",
10:             value.ToString().PadLeft(2),
            factorial.ToString("n0").PadLeft(10));
11:                 // ----        // -- ●⑥結果をコンソールに表示
12:         value++;            // -- ③valueに1を加える
13:     }                       // -- …②へ戻る
14:     Console.ReadLine();     // -- ④行入力待ちとする
15: }
```

Step5　プログラムの実行

それでは、作成したプログラムを実行してみましょう。図5.10のような実行結果になります。

```
 0の階乗 =           1
 1の階乗 =           1
 2の階乗 =           2
 3の階乗 =           6
 4の階乗 =          24
 5の階乗 =         120
 6の階乗 =         720
 7の階乗 =       5,040
 8の階乗 =      40,320
 9の階乗 =     362,880
10の階乗 =   3,628,800
```

● 図5.10　実行結果

要点整理

- while文は指定の論理値がtrueの間、後続のブロックを繰り返す制御文である。
- do文は必ず1度後続のブロックを実行し、whileの論理値がtrueの間このブロックを繰り返す制御文である。
- for文は指定の論理値がtrueの間、後続のブロックを繰り返す制御文である。
- foreach文は指定コレクションの要素を対象に、後続のブロックを繰り返す制御文である。
- break文はそのブロックを抜け、次のステートメントにジャンプする制御文である。
- continue文はそのブロックの繰り返し文にジャンプする制御文である。
- return文はそのプロシジャを抜け、その呼び出し元の次の文にジャンプ（復帰）する制御文である。
- goto文は指定のラベルの文にジャンプする制御文である。

練習問題

問題1 次の▭を埋めてください。

▭①▭文も▭②▭文も後続のブロックを繰り返す制御文ですが、▭①▭文が繰り返しブロックに入る前に条件をチェックするのに対し、▭②▭文はまず1度、後続の繰り返しブロックを実行し、その最後に条件をチェックする繰り返し文になります。
このため、1度はブロックを実行する必要がある場合には▭②▭文が適当です。

問題2 次のプログラムをfor文で記述してください。

```
int n = value;
while (n > 1)
{
    factorial *= n;
    n--;
}
```

問題3 次のプログラムを、break文を使って記述してください。

```
while (n > 1)
{
    factorial *= n;
    n--;
}
```

問題4 次のプログラムの▭を埋めてください。

このプロシジャはパラメータの値(value)の階乗を返却するものです。

```
public int Factorial1(int value)
{
    int factorial =▭①▭ ;
    int n =▭②▭ ;
    while (n > 1)
    {
        factorial *= n;
        n--;
    }
```

```
            return factorial;
    }
```

問題5 次のプログラムの ⬚ を埋めてください。

このプロシジャはパラメータの配列（values）の正の値だけの合計を返却するものです。

```
public int Total1(int[] values)
{
    int total = 0;
    foreach ( ①  value  ②   values)
    {
        if (value <= 0)
        {
            continue;
        }
        total += value;
    }
    return total;
}
```

CHAPTER 6

基本データ型を理解しよう（1）

コンピュータでデータを処理するためには文字データは文字データとして、数値データは数値データとして扱う必要があります。このため、コンピュータで処理するデータには文字や数値などのタイプがあります。これは「データ型」、あるいは「データタイプ」とよばれます。多くのプログラミング言語では文字列型や整数型などの基本的なデータ型はあらかじめ用意されています。C#でも基本的なデータ型は「基本データ型」として用意されています。ここではC#における基本データ型、特に数値型と論理型について理解しましょう。

6-1	整数型と実数型を理解しよう	P.92
6-2	整数型	P.94
6-3	実数型	P.97
6-4	論理型を理解しよう	P.99
6-5	プログラムを作ってみよう	P.101

6-1 整数型と実数型を理解しよう

数値データの型には「整数型」と「実数型」があり、実数型は更に「浮動小数点数型」と「10進数型」の2つのタイプがあります。数値型というデータ型が1つあればよさそうですが、計算の精度や桁数、更に計算速度やデータサイズなどを配慮して使い分けることになります。

6-1-1 整数型はなぜ必要？

何個、何本、何枚などの数量や、行番号、背番号、区分番号などの番号は整数データとして扱うことができます。また、プログラムの繰り返し制御におけるカウンタ値やインデックス値などにも整数データが利用されます。そして、この整数データは「整数型」で扱うことができます。

整数データはシンプルな2進数で表現されるため、オン／オフの2値をベースとするコンピュータにとって最も扱いやすく、コンピュータの演算機能により高速な計算が可能です。また、データのサイズもコンパクトに収めることができます。

6-1-2 実数型はなぜ必要？

整数データ以外の数値はすべて実数データです。たとえば、気温、気圧、降水量などの各種測定値や、機械、電機、土木などの各種計算値は整数データでは扱えず、実数データとして扱う必要があります。また、貯金、ローン、利率などの各種金銭系の数値データにも実数データが利用されます。そして、この実数データは「浮動小数点数型」か「10進数型」で扱うことができます。

実数データは整数データと違い、コンピュータは基本的にその演算機能を持っていません。このため実数データの内部表現や計算は付加的な機能で対応しています。また整数データよりも精度を必要とするため、整数データに比べそのサイズは大きく計算速度も遅くなります。

● 浮動小数点数型（実数型）はなぜ必要？

浮動小数点数型についてはプログラミング言語の多くが対応していることもあり、専用の浮動小数点演算装置（FPU：Floating Point number processing Unit）があり、CPUをサポートする形で演算処理の高速化を実現しています(注1)。ただし、浮動小数点数型

 （注1） 近年ではCPUの機能として内蔵される方向です。

は小数部に誤差が生じやすいため、近似値でも問題なく計算速度が求められる科学計算などの利用に適しています。

●10進数型（実数型）はなぜ必要？

もう1つの実数型として10進数型があります。10進数型は誤差のない正確な計算が可能です。このため、誤差を許容できない会計計算などの利用に適しています。ただし、2進数が得意なコンピュータにとって、10進数による計算は複雑なものとなります。

また浮動小数点数型のようなハードウェアのサポートもないため、浮動小数点数データに比べその計算速度は遅くなります。

6-1-3 数値データとデータ型

このように、数値データを扱う場合は、その対象に応じて適切な使い分けが必要となります。不必要な実数型の利用により処理速度を低下させることや、正確な計算が必要なところで浮動小数点数型を利用して問題とならないよう気を付ける必要があります（図6.1）。

● 図6.1 整数データ、浮動小数点数データ、10進数データの対比したイメージ

6-2 整数型

整数型は文字通り整数データを保持するためのデータ型です。また、整数型はコンピュータにおいて最も基本的なデータ型でもあるため、ここでしっかり理解しておきましょう。

6-2-1 整数型とビットの関係を知ろう

ここで、整数型とビットの関係について知っておきましょう。整数型は整数値の型で、ビット（0/1）による2進数形式で整数値を表現します。このため表現できる整数の範囲は使用するビット数（n）に依存したものとなります。

たとえば4ビットでは16通りのビットパターンがあります。

これを0から正の整数値に割り当てると（0〜15）の範囲の値を表現できます。また半分を負の整数値に割り当てると（-8〜0〜7）の範囲の値を表現できます。

表6.1ではこの16通りのビットパターンを0と1の組み合わせで表現し、それぞれのビットパターンに、0から正の整数値（0〜15）を割り当てた場合と、半分を負の整数値（-8〜0〜7）に割り当てた場合の対応表です。

このように整数には、0から正の整数値を対象とする「符号なし」と、負の整数値まで配慮した「符号付き」があります（表6.2）。

● 表6.1　4ビットのビットパターン

ビットパターン	0から正の整数値	半分を負の整数値
0000	0	0
0001	1	1
0010	2	2
0011	3	3
0100	4	4
0101	5	5
0110	6	6
0111	7	7
1000	8	-8
1001	9	-7
1010	10	-6
1011	11	-5
1100	12	-4
1101	13	-3
1110	14	-2
1111	15	-1

● 表6.2 ビット数とパターン数

ビット数	パターン数	符号なし	符号付き
1	2通り	0〜1	-1〜0
2	4通り	0〜3	-2〜0〜1
4	16通り	0〜15	-8〜0〜7
8	256通り	0〜255	-128〜0〜127
16	65,536通り	0〜65,535	-32,768〜0〜32,767

符号付きは先頭の1ビットを符号ビットに使用して負の値も表現できるようにしたもので、その数値の範囲は $(-2^{n-1} 〜 2^{n-1}-1)$ となります。一方、符号なしはすべてのビットを0からの整数値に割り当てたもので数値の範囲は $(0 〜 2^{n}-1)$ となります。

C#の整数型には8ビット、16ビット、32ビット、64ビットのそれぞれに符号付きと符号なしがあります（**表**6.3）。

● 表6.3 整数型

ビット数	符号付き		符号なし	
	データ型	数値範囲	データ型	数値範囲
8	sbyte	-128〜127	byte	0〜255
16	short	-32,768〜32,767	ushort	0〜65,535
32	int	-2,147,483,648〜2,147,483,647（9桁）	uint	0〜4,294,967,295（10桁）
64	long	-9,223,372,036,854,775,808〜9,223,372,036,854,775,807（19桁）	ulong	0〜18,446,744,073,709,551,615（20桁）

6-2-2 リテラル

プログラムの記述では、数値の「123」と文字列の「123」の表記は区別する必要があります。このためデータ値の表記方法はプログラム言語ごとに定められています。たとえば、「123」はそのまま数値データ、「"123"」は文字列データといった具合です。

このようなデータ値の表記は「リテラル」といわれます。

6-2-3 整数値のリテラル表記

整数値のリテラル表記は通常の10進数表記そのままで、「123」のように記述します。

また整数値は16進数による表記も可能です。16進数の数字は0〜9までは10進数と同様ですが、10〜15を英字のA〜Fに割り当てます。たとえば、10進数の「18」は16進数では「12」、10進数の「28」は16進数では「1C」となります。

なお、16進数表記は頭に「0x」（「0X」）を付け16進数表記であることを明示します。

たとえば、16進数の「12」は「0x12」、「1C」は「0x1C」といった具合です(注2)。

1ビットは2進数の1桁、2ビットは4進数の1桁、3ビットは8進数の1桁、4ビットは16進数の1桁で表現することができます。このため、2進数、4進数、8進数、16進数はビットの並びを表現するのに適しています。

画像処理の画像データなどはビットデータとして扱われますが、これらのビットデータも整数型で扱われます。

● 整数リテラルのデータ型

実は整数のリテラルにもデータ型があります。例えば「1,234,567,890」はint型で、「2,147,483,648」はuint型になります。これには規則があり、整数のリテラルのデータ型はint→uint→long→ulongの順で表現可能なデータ型となります。

また、データ型を明示的に指定することもできます。データ型を明示的に指定するには数値のリテラル値の最後にサフィックス(注3)を付加します(表6.4)。

● 表6.4 整数リテラルのデータ型

サフィックス	データ型	サンプル
なし	int→uint→long→ulong	123
「u」	uint→ulong	123u
「l」	long→ulong	123l
「ul」「lu」	ulong	123ul

(注2) 英字は大文字でも小文字でも有効です。

(注3) サフィックスは、大文字でも小文字でも有効です。

6-5 プログラムを作ってみよう

C#におけるデータ型について、また整数型や実数型などの扱い方は理解できたでしょうか。それではこれまでと同様、整数型や実数型などの基本データ型を使ったプログラムを実際に作成して、その使い方や感触をつかんでおきましょう。

6-5-1 ここで作成するプログラム

ここで作りたいプログラムは次のようなものです。

「0〜10までの整数値の平方根を求めてコンソールに表示するプログラム」

● Step1　プログラムの骨組みの作成

さっそく、リスト6.1のようにメインプログラム(Main)の内容を入力してください。

これはプログラムの骨組みになります。対象値の変数(value)を0から10まで繰り返すだけのものです。いってみれば次の部分になります。

「0〜10までの整数値の…プログラム」

▼リスト6.1　メインプログラム(Step1)

```
01: static void Main(string[] args)
02: {
03:     int value = 0;          // -- ①対象値の変数(value)を用意
04:                             // -- …初期値を0に設定
05:     while(value <= 10)
                                // -- ②valueが10以下の場合のみwhile文の中へ
06:     {
07:         // ----
08:         value++;            // -- ③valueに1を加える
09:     }                       // -- …②へ戻る
10:     Console.ReadLine();     // -- ④行入力待ちとする
11: }
```

● Step2　プログラムの中身の作成

作成したメインプログラムの骨組みの中に次の部分を組み込んでみましょう。

「整数値の平方根を求めてコンソールに表示する」

ここで、平方根の計算にはMathクラス(クラスライブラリ)の「Sqrt」メソッドを使い

CHAPTER 6　基本データ型を理解しよう (1)

たいと思います。

MathクラスにはSqrtだけでなく多くの数値関数がサポートされていますが、比較的身近なメソッドとしては表6.9のようなものがあります。また、そのデータ型は主にdouble型です。

● 表6.9　Mathクラスの数値関数

数値関数	説明
PI	定数π（円の直径に対する円周の割合）を表します。
Cos	指定された角度のコサインを返します。
Pow	指定の数値を指定した値で累乗した値を返します。
Sin	指定された角度のサインを返します。
Sqrt	指定された数値の平方根を返します。
Tan	指定された角度のタンジェントを返します。

リスト6.2のようにメインプログラム (Main) の内容を入力してください。

⑤のSqrtメソッドの結果はdouble型となります。⑥では平方根の結果をコンソールに表示しています。たとえばvalueが10の場合は次のように表示されます。

10の平方根 = 3.162

▼ リスト6.2　メインプログラム (Step2)

```
01: static void Main(string[] args)
02: {
03:     int value = 0;          // -- ①対象値の変数 (value) を用意
04:                             // -- …初期値を0に設定
05:     while(value <= 10)
                                // -- ②valueが10以下の場合のみwhile文の中へ
06:     {
07:                             // ---- ●⑤Sqrtメソッドの呼び出し
08:         double sqrt = Math.Sqrt(value);
09:                             // ---- ●⑥結果をコンソールに表示
10:         Console.WriteLine("{0}の平方根 = {1}",
11:             value.ToString().PadLeft(2), sqrt.ToString("n3"));
12:                             // ----
13:         value++;            // -- ③valueに1を加える
14:     }                       // -- …②へ戻る
15:     Console.ReadLine();     // -- ④行入力待ちとする
16: }
```

● Step3　プログラムの実行

それでは、作成したプログラムを実行してみましょう。図6.3のような実行結果になります。

```
0の平方根  =  0.000
1の平方根  =  1.000
2の平方根  =  1.414
3の平方根  =  1.732
4の平方根  =  2.000
5の平方根  =  2.236
6の平方根  =  2.449
7の平方根  =  2.646
8の平方根  =  2.828
9の平方根  =  3.000
10の平方根 =  3.162
```

● 図6.3　実行結果

> **要点整理**
>
> - 整数型データの演算は高速である。
> - 浮動小数点数型データの演算は近似値で計算速度が求められる科学計算などに適している。
> - 10進数型データの演算は誤差を許容できない会計計算などに適している。
> - 論理型は、真（true）か偽（false）のいずれかの論理値を持つデータ型である。

練習問題

問題1 次の基本データ型を埋めてください。

● 表A

基本データ型	概略
	ビット（0/1）による2進数形式で整数値を持つデータ型です。
	指数（e）と仮数（f）による指数形式（f×2e）で内部表現する実数型です。
	10進数をそのまま内部表現する実数型です。
	真（true）か偽（false）のいずれかの論理値を持つデータ型です。
	文字コード（Unicode）の値を持つデータ型です。
	文字列（文字コードの連続した並び）のデータ型です。
	参照型（文字列型など）の基本のデータ型です。

問題2 次のうち間違いはどれでしょうか（2つあります）。

① 整数データはコンピュータの演算機能により高速な計算が可能です。
② 実数データは整数データに比べデータのサイズも大きく計算速度も遅くなります。
③ 浮動小数点数型は誤差のない正確な計算ができる内部表現となっています。
④ 10進数型は小数部に誤差が生じやすい内部表現となっています。
⑤ byte、ushort、ulongでは負の値は表現できません。

問題3 次の____を埋めてください。

実数型には____①____と____②____の2つのタイプがあります。
____①____は指数（e）と仮数（f）による指数形式（f×2e）で実数値を表現します。一方、____②____は10進数をそのまま内部表現しています。
構造的に____①____の計算が小数部に誤差が生じやすいのに対し、____②____では誤差のない正確な計算ができます。
このため、近似値でも問題なく計算速度が求められる科学計算などには____①____が利用され、誤差を許容できない会計計算などには____②____が利用されます。

問題4 論理値のぐらい的な例を3つあげてください。

CHAPTER 7

基本データ型を理解しよう（2）

プログラミングではさまざまなデータ型を扱いますが、文字（文字列）はその中でも最も基本的なデータ型でしょう。ここではC#における文字型、文字列型、オブジェクト型について理解しましょう。

7-1	文字型と文字列型を理解しよう	P.106
7-2	値型と参照型を理解しよう	P.110
7-3	オブジェクト型を理解しよう	P.116
7-4	プログラムを作ってみよう	P.118

7-1 文字型と文字列型を理解しよう

文字列は文字の連続したものですが、そのデータ型は「文字型」と「文字列型」に区別されています。また、どちらにも共通する「文字コード」があります。まずはこの文字コードから理解していきましょう。

7-1-1 文字コードって何？

それぞれの文字には「文字コード」といわれる規則的な数値が割り当てられ、この文字コードによりそれぞれの文字が識別されます。

文字にはギリシャ語、ラテン語、中国語、日本語、韓国語などなど、言語に依存して多くの文字セットが存在するため、文字コードの規格には古くからいろいろな体系が存在します。

この文字コードの規格は「**文字スキーム**」といわれ、たとえば日本語Windowsの文字スキームには「**シフトJIS**(MS漢字コード)」が使われています。現在、.NET Frameworkの文字スキームとしては「**Unicode**」が採用されています(図7.1)。

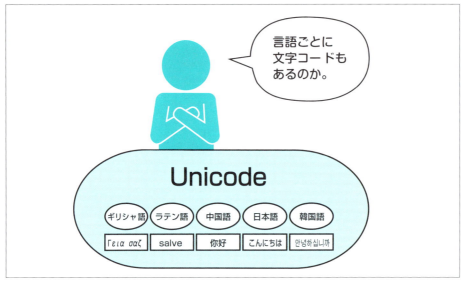

● 図7.1　Unicodeのイメージ

● Unicodeを理解しよう

UnicodeはUnicodeコンソーシアム[注1]が制定、および管理している文字スキームです。

Unicode誕生の動機付けは膨大な多言語対応（ローカリゼーション）コストの削減と言われています。たとえば英語圏で開発したソフトウェアをフランス語やドイツ語の文字スキームにローカリゼーションするには多くのコストと時間を要します。特に、日本語、中国語など文字数の多い文字スキームへのローカリゼーションは一苦労です。

仮に世界中の文字を含めた文字スキームを考え、すべての文字が違う文字コードを持ち、1文字を同じサイズで扱うことができれば、わずらわしいローカリゼーションは不要となります。

この構想を実現したのがUnicodeで、Unicodeという名前には、Universal（普遍）、Uniform（定型）、Unique（一意）といった意味が込められているということです。

Unicodeを使うことでそのプログラムはその国の言語に依存しない共通なものとなり、ソフトウェアの国際対応もスムーズなものとなります。

7-1-2 ▶ 文字型って何？

文字型は、文字コードの値を持つデータ型で、その文字コードはUnicodeになります。C#の文字型は、char型で提供されます（**表**7.1）。

● 表7.1 文字型

ビット数	文字型	文字コード	コードの範囲
16	char	Unicode	0 〜 65,535

7-1-3 ▶ 文字列型って何？

文字列は文字コードの連続した並びであり、文字列型はその文字列データのデータ型です（もちろん、その文字コードはUnicodeです）。そして、その文字コードは文字型と同様、Unicodeになります。

C#の文字列型は、string型で提供されます（**表**7.2）。

● 表7.2 文字列型

文字列型	文字コード
string	Unicode

（注1） Unicodeコンソーシアムは非営利の民間組織であるNGOの1つで、Microsoft、Apple、SunMicrosystemsなどのU.S.の有力なソフトウェアベンダーが協力して運営しています。

7-1-4 文字値と文字列値のリテラル表記

文字値のリテラル表記は単一引用符(')で文字を囲んで記述します。たとえば英字の「a」は、'a'となります。

文字列値のリテラル表記は二重引用符(")で文字を囲んで記述します。たとえば英字の「abc」は、"abc"となります。

● エスケープシーケンス表記

文字データには「**改行**」や「**タブ**」なども含まれ文字として扱われます。このようにある意味を持ち表示されない文字は「**制御文字**」といわれます。

制御文字のリテラル表記は円記号(¥)から始まる一連の文字の並びを使って表記します。これは「エスケープシーケンス」とよばれます(**表**7.3)。たとえば、「改行」は「¥n」、「タブ」は「¥t」と表記することができます。

● 表7.3 制御文字のエスケープシーエンス

表記	文字コード	文字名
¥0	0x0000	Null
¥a	0x0007	ビープ音
¥b	0x0008	バックスペース
¥t	0x0009	水平タブ (ラインフォード)
¥n	0x000A	改行
¥v	0x000B	垂直タブ
¥f	0x000C	改ページ (フォームフィード)
¥r	0x000D	復帰 (キャリッジ リターン)

また、円記号(¥)、単一引用符(')、二重引用符(")、などの特別な文字のエスケープシーケンスもあります(**表**7.4)。たとえば、文字列の「¥12,000」は「"¥¥12,000"」と表記することができます。

● 表7.4 特別な文字のエスケープシーエンス

表記	文字コード	文字名
¥¥	0x005C	円記号
¥"	0x0022	二重引用符
¥'	0x0027	単一引用符

また、「¥」文字を含むパス名などの文字列リテラルは次のような表記になります。

```
string path1 = "C:¥¥WINDOWS¥¥Microsoft.NET¥¥Framewwork";         // ─ ①
```

「¥」記号でフォルダをつなぐため、その記述は"¥¥"となり少々冗長な表記となります。

このようなケースに対応するため、エスケープシーケンスを無効化する指定も用意されています。

エスケープシーケンスを無効化するには、文字列リテラルの先頭に「@」を付けます。上記の①と次の②はどちらも同じ文字列データを表記していますが、②のようにシンプルに記述することもできます。

```
string path2 = @"C:\WINDOWS\Microsoft.NET\Framework";       // -- ②
```

7-2 値型と参照型を理解しよう

データ型は「値型」と「参照型」の2つのタイプに分けることができます。基本データ型では、整数型、実数型、論理型、文字型が値型で、文字列型と後述するオブジェクト型が参照型になります。ここではこの値型と参照型とは何か、そしてその違いについて理解しましょう。

7-2-1 値型と参照型の違い

文字型（char型）と文字列型（string型）を例に値型と参照型の違いをみてみましょう。char型は文字コードそのものですが、string型は文字コードの連続した並びとその「参照」から構成されています（図7.2）。参照とは目次や索引のようなもので、実体を指すデータです。

char型もstring型もそのデータの実体は「**インスタンス**」あるいは、「**オブジェクト**」とよばれます。char型のインスタンスは文字コードそのもので、string型のインスタンスは文字コードの連続した並びとなります。

値型のデータはそのインスタンスだけで構成されますが、参照型のデータはインスタンスとその参照で構成されます（図7.3）。

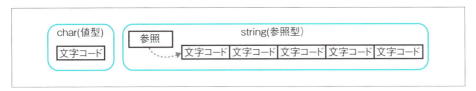

● 図7.2 char型とstring型の違い

● 図7.3 値型と参照型の違い

参照型にはインスタンスがない状態も存在します。これは参照がない、あるいは「null」の状態といわれます（図7.4）。また、参照型では1つのインスタンスが複数から参照されることもあります（図7.5）。

たとえば、次のtext0というstring型の変数はnullの状態です。

```
string text0;
```

また、次のtext1、text2、text3というstring型の3つの変数は、1つのインスタンス("C#超入門")を参照しています。

```
string text1 = "C#超入門";
string text2 = text1;
string text3 = text1;
```

● 図7.4　参照型データでインスタンスのない状態

● 図7.5　同じインスタンスを参照する参照型データ

7-2-2 ▶ パラメータにおける値型と参照型

値型と参照型の違いはプロシジャにおけるパラメータの引渡しにおいても意識する必要があります。

値型のデータはその値がプロシジャに引き渡されるのに対し、参照型のデータはその参照がプロシジャに引き渡されます。

値型のパラメータはその値がプロシジャに渡されるため、プロシジャでその値が変更されても、呼び出し側のパラメータは引き渡した値のまま変更されません(図7.6)。

一方、参照型のパラメータはその参照がプロシジャに渡されるため、プロシジャにおける変更は、呼び出し側のパラメータの変更を意味します(図7.7)。

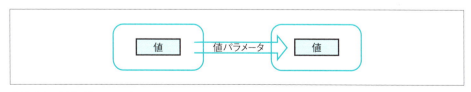

● 図7.6　値型の値パラメータ

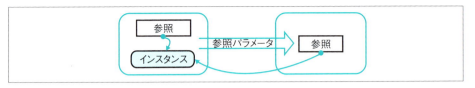

● 図7.7　参照型の参照パラメータ

● パラメータの引き渡し方法

上記の通り、パラメータの引渡し方法には値の引き渡しと参照の引き渡しがあり、それぞれ、「値パラメータ」、「参照パラメータ」といわれます。

既定では、データ型が値型の場合は値パラメータとなり、参照型の場合は参照パラメータとなりますが、その引渡し方法を指定することもできます（表7.5）。

たとえば、値型のパラメータを参照パラメータとして引き渡すことができます。これは値の参照が一時的に作成され、プロシジャに引き渡されるイメージです（図7.8）。これにより、値型のパラメータでもプロシジャにおける変更が呼び出し側のパラメータの変更となります。参照型のパラメータはもともと参照パラメータであるため変化はありません。

● 表7.5　パラメータのタイプ

タイプ		説明
なし（既定値）	値パラメータ	値型の場合はパラメータの評価値が、参照型の場合は参照がプロシジャに引き渡されます。
ref	参照パラメータ	パラメータの参照が、プロシジャに引き渡されます。これにより、プロシジャにおける参照パラメータの変更は呼び出し元のパラメータの変更となります。
out	出力パラメータ	パラメータの参照が、プロシジャに引き渡されます。プロシジャで値が設定されることが約束されるため、呼び出し元においてはこれを前提にプログラミングすることができます（プロシジャで値の設定がない場合はコンパイルエラーとなります）。

● 図7.8　値型の参照（出力）パラメータ

値型のデータを参照パラメータとして受け取る場合は、パラメータ宣言の前に「ref」を付加します。

```
static int RefParam(ref int param)
```

上記ではRefParamというプロシジャの定義において、paramというパラメータを参照パラメータとして宣言しています。そして、このプロシジャを呼び出す側でも受け渡

すパラメータの前に「ref」を付加して呼び出す必要があります。

```
RefParam(ref value);
```

上記ではRefParamプロシジャの呼び出しにおいて、valueという変数を参照パラメータとして受け渡しています。

さて、もう1つ「**出力パラメータ**」といわれるパラメータの引き渡し方法があります。これは、参照パラメータの一種で、プロシジャで値が設定されることが約束されるものです。このため呼び出し側では出力パラメータに値が設定されてくることを前提にプログラミングすることができます。

プロシジャで出力パラメータを定義する場合は、パラメータ宣言の前に「out」を付加します。

```
static int OutParam(out int param)
```

上記ではOutParamというプロシジャの定義において、paramというパラメータを出力パラメータとして宣言しています。そして、このプロシジャを呼び出す側でも受け渡すパラメータの前に「out」を付加して呼び出す必要があります。

```
OutParam(out value);
```

上記ではOutParamプロシジャの呼び出しにおいて、valueという変数を出力パラメータとして受け渡しています。

● 値パラメータのサンプルプログラム

値パラメータをサンプルプログラムで確認してみましょう。**リスト**7.1のValueParamプロシジャは与えられたパラメータに1を加えた値を返却します。

▼ リスト7.1　値パラメータのプロシジャ

```
01: static int ValueParam(int param)
02: {
03:     param = param + 1;
04:     return param;
05: }
```

ここで**リスト**7.2のようにValueParamプロシジャを呼び出すと結果は次のようなものになります。

▼ リスト7.2　値パラメータのプロシジャの呼び出し

```
01: int value = 99;
02: int result = Program.ValueParam(value);
03: Console.WriteLine("値パラメータ({0}) = {1}", value, result);
```

CHAPTER 7　基本データ型を理解しよう（2）

```
値パラメータ(99) = 100
```

返却値はもちろん 100 になりますが、パラメータとして与えた value は、対応するパラメータがプロシジャにおいて変更されても、値渡しのため変更されることはなく 99 のままです。

● 参照パラメータのサンプルプログラム

参照パラメータもサンプルプログラムで確認してみましょう。リスト 7.3 の RefParam プロシジャも与えられたパラメータに 1 を加えた値を返却しますが、パラメータが参照パラメータとなっています。

▼リスト7.3　参照パラメータのプロシジャ

```
01: static int RefParam(ref int param)
02: {
03:     param = param + 1;
04:     return param;
05: }
```

ここでリスト 7.4 のように RefParam プロシジャを呼び出すと結果は次のようなものになります。

▼リスト7.4　参照パラメータのプロシジャの呼び出し

```
01: int value = 99;
02: int result = Program.RefParam(ref value);
03: Console.WriteLine("参照パラメータ({0}) = {1}", value, result);
```

```
参照パラメータ(100) = 100
```

返却値はもちろん 100 になりますが、パラメータとして与えた value も対応するパラメータがプロシジャにおいて変更されると、参照渡しのため変更され 100 となります。

● 出力パラメータのサンプルプログラム

出力パラメータもサンプルプログラムで確認してみましょう。リスト 7.5 の OutParam プロシジャは与えられたパラメータに 1 を加えた値を出力パラメータに設定（返却）します。

▼リスト7.5　出力パラメータのプロシジャ

```
01: static int OutParam(int param, out int result)
02: {
03:     result = param + 1;
```

```
04: }
```

ここで**リスト7.6**のようにOutParamプロシジャを呼び出すと結果は次のようなものになります。

▼ リスト7.6　出力パラメータのプロシジャの呼び出し
```
01: int value = 99;
02: int result;
03: Program.OutParam(value, out result);
04: Console.WriteLine("出力パラメータ({0}) = {1}", value, result);
```

```
出力パラメータ(99) = 100
```

パラメータとして与えたvalueはもちろん99のままで、出力パラメータのresultには100が設定（返却）されます。

7-3 オブジェクト型を理解しよう

値型と参照型の違いは理解できたでしょうか。いよいよデータ型の本丸ともいえる「オブジェクト型」に入ります。参照型がイメージできれば、オブジェクト型を理解することはそれほど難しいことではありません。ぜひC#の基本となるオブジェクト型を理解していきましょう。

7-3-1 オブジェクト型って何？

　オブジェクト型は、すべての参照型を共通に扱うためのデータ型です（表7.6）。たとえば、文字列型も参照型であるためオブジェクト型として扱うことができます[注2]。

　また、参照型のデータ型としては後述するクラスなども含まれ、これらの基本のデータ型としてオブジェクト型は用意されています。オブジェクト型（参照型の基本のデータ型）を用意することで、参照型の特性をオブジェクト型として共通化することができます。

● 表7.6　オブジェクト型

オブジェクト型	参照の範囲
object	参照なし（null）、あるいはインスタンスの参照。

● オブジェクト値のリテラル表記

　オブジェクト値のリテラル表記にはnull状態の値を示す「null」があります。

```
string text = null;
```

　上記ではtextという文字列型の変数を、初期値をnullとして宣言しています。また、次のif分ではこのtextの参照がnullでない場合をチェックしています。

```
if(text != null)
```

7-3-2 クラスって何？

　C#では基本データ型を任意に組み合わせて、構造的なデータ型を作ることができま

[注2] ここでは、その必要性などについては気にしないことにします。

す。このようなデータ型は「クラス」といわれ、ユーザが任意に定義できるデータ型ともいえます。なお、クラスもオブジェクト型です。

たとえば、「Title（タイトル）」と「Artist（アーチスト）」という文字列データを持つ「Music（ミュージック）」というクラスを定義することもできます。そして、さまざまなタイトルとアーチストの組み合わせでMusicクラスのインスタンスを作成することができます。

クラス（オブジェクト型）のインスタンスの生成には「new」という演算子を使います。

次のステートメントではnew演算子を使って「Music」というクラスのインスタンスを生成し、「music」という変数に設定しています。

```
music = new Music("My Foolish Heart", "Bill Evans Trio");
```

この様子を図にしたものが図7.9です。

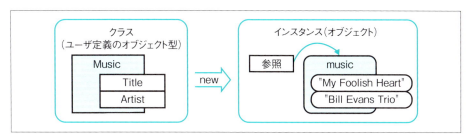

● 図7.9　クラスとそのインスタンスの生成

ちなみに、クラスについては11章「名前空間と型を理解しよう」で、またnew演算子については10章「演算子を理解しよう（2）」でも説明しています。

7-4 プログラムを作ってみよう

文字列型やオブジェクト型などの参照型は理解できたでしょうか。それではこれまでと同様、文字列データ型を使ったプログラムを実際に作成して、その使い方や感触をつかんでおきましょう。

7-4-1 ここで作成するプログラム

それでは、文字列データ型を使ったプログラムを作ってみましょう。ここで作りたいプログラムは次のようなものです。

「Program.cs内のセミコロンの数をコンソールに表示するプログラム」

● Step1　プロシジャの骨組みの作成

最初に、ファイルに含まれる任意の文字列（ワード）の数を求めるプロシジャを作成してみましょう[注3]。

リスト7.7のプロシジャ（CountWord）をメインプログラム（Main）の下に並べて追加してください。

▼リスト7.7　CountWordプロシジャ（Step1）

```
01:          // ------- ①プロシジャ（CountWord）を定義
02: static int CountWord(string path, string word)
03: {
04:     int count = 0;
                 // -- ②結果値の変数（count）を用意
05:              // -- …初期値を0に設定
06:     StreamReader streamReader = File.OpenText(path);
07:                                          // -- ③ファイルを開く
08:          // ----
09:     string text = streamReader.ReadLine();  // -- ④1行読み込む
10:     while (text != null)
                 // -- ⑤textがnullでない場合のみwhile文の中へ
11:     {
12:              // ----
13:         text = streamReader.ReadLine();  // -- ⑥1行読み込む
14:     }
15:     streamReader.Close();   // -- ⑦ファイルを閉じる
16:          // ----
```

　[注3]　ファイル名とワードはパラメータで指定されるものとします。

```
17:        return count;
            // -- ⑧countの値を返却する
18: }
```

これはプロシジャ (CountWord) の骨組みになります。指定されたファイルを開き、1行ずつ最後の行まで読み込みを繰り返し、ファイルを閉じるだけのものです。

ファイルはその読み書きに先立ち、③のようにファイル名などを指定して開き、最後に⑦のように閉じます。また、開いたファイルから1行ずつ読み込むには、コンソールから1行読み込むのと同様に、④、⑥のように記述します。そして、読み込む行がなくなるとnullが返されます。ここでは詳細は気にせず、プログラム全体のイメージがつかんでください。

● Step2　プロシジャの中身の作成

作成したプロシジャ (CountWord) の骨組みの中に指定されたワードの数を数えるロジックを組み込んでみましょう。

リスト7.8のようにプロシジャ (CountWord) の内容を入力してください。

▼ リスト7.8　CountWordプロシジャ (Step2)

```
01:         // -------- ①プロシジャ (CountWord) を定義
02: static int CountWord(string path, string word)
03: {
04:     int count = 0;
                // -- ②結果値の変数 (count) を用意
05:         // --      …初期値を0に設定
06:     StreamReader streamReader = File.OpenText(path);
07:                                                 // -- ③ファイルを開く
08:         // ----
09:     int index = 0;
                // -- ●⑨text内の検索位置変数 (index) を用意
10:                             // -- …初期値を0に設定
11:     string text = streamReader.ReadLine();      // -- ④1行読み込む
12:     while (text != null)
                // -- ⑤textがnullでない場合のみwhile文の中へ
13:     {
14:         index = text.IndexOf(word, index);
                // -- ●⑩textからwordを検索
15:         while(index >= 0)
                // -- ●⑪indexが0以上の場合のみwhile文の中へ
16:         {
17:             count++;                // -- ●⑫カウントアップ
18:             index = text.IndexOf(word, index + word.Length);
19:                                 // -- ●⑬textからwordを検索
20:         }
21:         // ----
22:         index = 0;              // -- ●⑭indexを0に初期化
```

```
23:            text = streamReader.ReadLine();        // -- ⑥1行読み込む
24:        }
25:        streamReader.Close();                      // -- ⑦ファイルを閉じる
26:                   // ----
27:        return count;
                      // -- ⑧countの値を返却する
28: }
```

　1行のテキスト（text）から指定のワードのある位置を検索するにはstring型の「IndexOf」というメソッドを利用します（⑩、⑬）。IndexOfメソッドのパラメータには検索したいワードと検索を開始する位置を指定することができます。そして、指定されたワードがあった場合はそのワードの位置として文字インデックス値が返り、無かった場合は-1が返ります。

　まず、⑨で1行のテキスト（text）の現在の検索位置を示す「index」という変数を用意しています。このindexは1行ごとに0に初期化する必要があるため、⑥の1行読み込むタイミングで0に初期化しています（⑭）。

　基本的には⑩でIndexOfメソッドを使ってパラメータで指定された「word」を検索し、あった場合はカウントアップ（⑫）し、引き続き後続の文字列から「word」を検索します（⑬）。

● Step3　　メインプログラムの作成

　次にこのプロシジャ（CountWord）を利用して、Program.csのセミコロン（;）の数を求めてコンソールに表示するメインプログラムを作成してみましょう。

　リスト7.9のようにメインプログラム（Main）の内容を入力してください。

▼ リスト7.9　メインプログラム（Step3）

```
01: static void Main(string[] args)
02: {
03:     string path = "..\\..\\Program.cs";
                  // -- ①ファイル名の変数（path）を用意
04:               // -- …"..\\..\\Program.cs"に初期化
05:     string word = ";";
                  // -- ②検索ワードの変数（word）を用意
06:                                              // -- …";"に初期化
07:               // ---- ③CountWordの呼び出し
08:     int count = Program.CountWord(path, word);
09:               // ---- ④結果をコンソールに表示
        Console.WriteLine("■{0}のセミコロン数 = {1}", path, count.
10:     ToString("n0"));
11:               // ----
12:     Console.ReadLine();                      // -- ⑤行入力待ちとする
13: }
```

● Step4　プログラムの実行

それでは、作成したプログラムを実行してみましょう。図7.10のような実行結果になります（実際のセミコロンの数は指定のファイルに依存します）。

```
..¥..¥Program.csのセミコロン数 = 27
```
● 図7.10　実行結果

要点整理

- .NET Frameworkの文字スキームはUnicodeである。
- データ型には「値型」と「参照型」の2つのタイプがある。
- 値型のデータはそのインスタンス（値）だけである。
- 参照型のデータは参照とインスタンスで構成される。
- オブジェクト型（object型）はすべての参照型の基本のデータ型である。
- クラスはユーザが任意に定義できるデータ型である。

CHAPTER 7　基本データ型を理解しよう（2）

練習問題

問題1　次のうち間違いはどれでしょうか（2つあります）。

① 日本語Windowsの文字スキームには「シフトJIS」が使われています。
② .NET Frameworkの文字スキームとしてはUnicodeが採用されています。
③ 文字データのリテラル表記は二重引用符（"）で文字を囲んで記述します。
④ 文字列データのリテラル表記は単一引用符（'）で文字を囲んで記述します。
⑤ 文字列リテラルの先頭に「@」を付けるとエスケープシーケンスは無効になります。

問題2　次の文字列データをリテラルで記述してください。

① 「123.456」
② 「水平タブ」に続けて「abc」
③ 「OK.」に続けて「改行」
④ 「¥123」
⑤ 「"abc"」
⑥ 「'xyz'」

問題3　次の□□□□を埋めてください。

データ型は　①　と　②　の2つのタイプに分類することができます。
　①　は直接その値を持つデータ型で、その代表的なデータ型にはchar型があります。
　②　は実際の値とその参照から構成されるデータ型で、その代表的なデータ型にはstring型があります。
　①　のデータは、そのインスタンスだけで構成されますが、　②　のデータは参照とインスタンスで構成されます。

問題4　次の□□□□を埋めてください。

パラメータの　①　はパラメータの値が渡されるため、関数メンバでそのパラメータが変更されても、呼び出し側のパラメータは引き渡した状態のままとなります。
一方、　②　はパラメータの参照が渡されるため、関数メンバにおけるパラメータの変更は、呼び出し側のパラメータの変更を意味します。

CHAPTER 8

変数と配列を理解しよう

データの入れ物となる「変数」はプログラム言語には不可欠な存在です。また、この変数の集合体となる「配列」というものもあります。
ここではC#における変数と配列の使い方や、その名前の付け方などについて理解しましょう

8-1	識別子とキーワードを理解しよう	P.124
8-2	変数を理解しよう	P.127
8-3	配列を理解しよう	P.131
8-4	多次元配列を理解しよう	P.134
8-5	プログラムを作ってみよう	P.140

CHAPTER 8　変数と配列を理解しよう

8-1 識別子とキーワードを理解しよう

プログラムでは多くの場面で名前を必要とします。たとえば、クラス名、プロシジャ名、変数名などです。名前を付けないことにはプログラムは始まりません。

8-1-1 識別子って何？

プログラムにおける名前はすべて「識別子」とよばれ、使用してよい文字などの規則があります。

識別子には、ASCII文字の英数字とアンダースコア（_）、および日本語文字を使うことができます。

ただし、ASCII文字、日本語文字を問わず、スペース（空白）、「?」などの記号は使用できませんし、先頭文字に数字も使用できません。

また、その長さに制限はなく、英字の大文字と小文字は区別されます。たとえば、次の名前はすべて別の識別子として有効です。

- SuperIntroduction
- superIntroduction
- super_introduction
- SUPER_INTRODUCTION
- Super入門
- 超入門
- ____Super____Introduction____

一方、次の名前は識別子として使用できません。

- Super Introduction　　　スペースは使用できません。
- Super-Introduction　　　「-」などの記号は使用できません。
- 2019_SuperIntroduction　先頭文字に数字は使用できません。

8-1-2 識別子の付け方を知ろう

識別子の付け方はプログラミングにおいて大変重要です。その名前が実際のイメージとかけ離れたものや、微妙にずれたものなどは混乱の元となるからです。

このためプログラムの作法として、名前は一貫した規則を持って付ける必要がありま

す。

　また、C#が英語をベースとしているため識別子も一般に英語で付けられますが、業務系のアプリケーションなどでは、そのまま日本語を識別名にするほうが、わかりやすい場合も少なくありません。

　.NET Frameworkでは、プログラムの名前に関するガイドラインなども提供されています（表8.1）。

● 表8.1　名前の付け方

識別子	例	形式
クラス	AppDomain	Pascal
メソッド	ToString	Pascal
名前空間	System.Drawing	Pascal
プロパティ	BackColor	Pascal
変数	typeName	Camel

　たとえば「JapaneseMusic」というクラスの変数の宣言は次のようなものになります。

```
JapaneseMusic japaneseMusic;
```

　この宣言ではクラス名の形式は「Pascal（パスカル）」といわれる形式で、その変数名の形式は「Camel（キャメル）」といわれる形式で記述さています。

　Pascal形式は最初の文字と後に続いて連結される各単語の最初の文字を大文字にする形式です。3文字以上の識別子に適用します（「ID」など2文字以下の識別子は対象外になります）。

　また、Camel形式は最初の文字は小文字にし、後に続いて連結される各単語の最初の文字を大文字にする形式です。

　ちなみにCamelとはラクダのことで、最初の文字が背の低い小文字から始まり、後続のワードの文字が背の高い大文字となり、でこぼこになるイメージがラクダのシルエットのようであることから付けられた名前です。

　たとえば、「aaaBbbCcc」のようなものになりますがラクダに見えますか？

● クラス名の付け方

　クラス名は何らかのコレクションデータに対応するため、そのコレクションデータを表現する名詞で名前を付けます。たとえば、次のようなものになります。

- Music　　　　　　音楽
- MusicAlbum　　　音楽アルバム
- RaceCar　　　　　レースカー

● プロシジャ名の付け方

　プロシジャ名は何らかの機能に対応するため、その機能を表現する動詞から名前を付

けます。たとえば、次のようなものになります。

- ChangeAccelerator　　　　アクセルを変更します
- GetEngineDisplacement　　排気量を取得します
- SetRemainderFuel　　　　　残燃料を設定します

● 変数名の付け方

変数名は何らかのデータに対応するため、そのデータを表現する名詞で名前を付けます。たとえば、次のようなものになります。

- speed　　　　　　　　　　　速度
- engineDisplacement　　　　排気量
- limitationEngineDisplacement　制限排気量

COLUMN

キーワードも識別子として利用できる？

ifなどの特別な意味を持つ語句は「**キーワード**」といわれます。キーワードはプログラム言語の語句として予約されているため、識別子として使用することはできません。

ただし、キーワードの前に@を付けることで識別子としても使用することができます。たとえば、@class、@ifなどは変数名としても使用することができます。しかし、あえて使うメリットがない限り、大変まぎらわしいのでこのような使い方は避けたほうがよいでしょう。

8-2 変数を理解しよう

「変数」は既にこれまでの説明やサンプルプログラムなどで登場していますが、ここで改めて「変数」について整理し、理解を深めたいと思います。

8-2-1 ▸ 変数って何？

データ値はプログラムで特定できる場所に存在する必要があります。そしてその場所を特定しデータの入れ物となるのが「変数」です。

変数はそのデータの型と名前により宣言します。たとえば次のステートメントはint型のcount、string型のtext、Music型のmusicという変数を宣言しています。

```
int count;
string text;
Music music;
```

変数が宣言されると、値型の場合は規定の初期値を持つインスタンスが確保され、参照型の場合はnullの値を持つ参照が確保されます（表8.2）。

● 表8.2 変数の初期値

データ型		基本データ型	初期値
整数型	符号付き	sbyte	0
		short	0
		int	0
		long	0l
	符号なし	byte	0u
		ushort	0u
		uint	0u
		ulong	0ul
実数型	浮動小数点数型	float	0.0f
		double	0.0d
	10進数型	decimal	0.0m
論理型		bool	false
文字型		char	'\0'
文字列型		string	null
オブジェクト型		object	null

また、変数は次のように任意のリテラルで明示的に初期化することもできます。

```
int count = 100;
string text = ".NET Expert#02";
Music music = new Music("My Foolish Heart", "Bill Evans Trio");
```

ちなみに、new演算子はクラスのインスタンスを生成する演算子です（クラスとnew演算子については7章の「オブジェクト型を理解しよう」も参考にしてください）。

変数が明確なデータ型を持つことで、プログラムがわかりやすくなるだけでなく、記述ミスをコンパイル時に排除するなど、開発効率や保守性も向上させることができます。

8-2-2 ローカル変数とそのスコープを知ろう

プロシジャの中で宣言された変数は、「**ローカル変数**」といわれます。ローカル変数は、そのプロシジャが呼び出されてから呼び出し元へ戻るまでの間だけ存在する一時的な変数です。

ローカル変数の有効範囲は「**スコープ**」といわれ、そのスコープは変数が宣言された位置で決められます。ローカル変数のスコープはその宣言以降で、その宣言を直接含むブロック、あるいはプロシジャの範囲となります（**図8.1**）。

なお、同じ名前のローカル変数のスコープが重なるとコンパイルエラーになります。

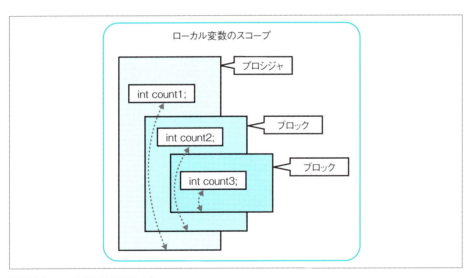

● 図8.1　ローカル変数のスコープ

8-2-3 読み取り専用で利用される変数－定数を知ろう

一般にプログラムでは直接データ値が式の中に記述されることを嫌います。これはデータ値が直接の値であるため意味を表現することができず、その値が何を指しているかわからないことによります。

そこで、式の中にはリテラル値で初期化した変数を使用し、その名前で意味を明確に表現する方法がとられます。これはプログラムを読みやすくするだけでなく、保守性も高いものとします。

たとえば、対象となる値が複数個所で使用されている場合を考えてみましょう。そして、ある日その値を変更しなければいけなくなったとしましょう。変数を使用していればその初期値を変更するだけですべての使用箇所に反映されますが、直接そのデータ値で記述している場合は散在するデータ値すべてを変更する必要があります。これは、変更ミスなどプログラムの品質にも影響を与えてしまいます。図8.2はデータ値をそのまま記述した場合の変更イメージで、図8.3は定数を使って記述した場合の変更イメージです。

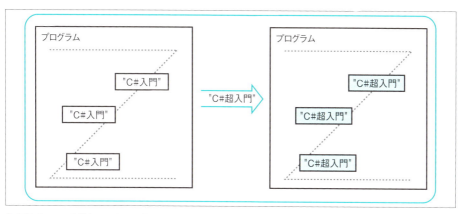

● 図8.2　データ値をそのまま記述した場合の変更イメージ

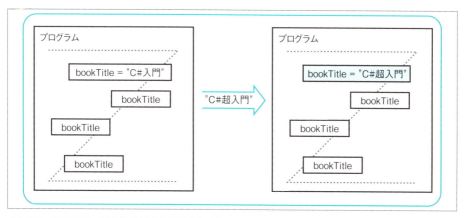

● 図8.3　定数を使って記述した場合の変更イメージ

さて、リテラル値で初期化し、読み取り専用で利用される変数は「定数」とよばれ、プロシジャの中で定義される定数は、ローカル変数同様「ローカル定数」とよばれます。

定数の宣言は基本的に変数と同様ですが、データ型の前に「const」というキーワードを配置し必ず初期化する必要があります。

たとえば、ローカル定数は次のように宣言します。

CHAPTER 8　変数と配列を理解しよう

```
const int year = 2019;              // -- ①
const string text1 = "超入門";       // -- ②
const string text2 = "C#";           // -- ③
const string text = text1 + text2;   // -- ④
```

①では「year」というint型のローカル定数を「2019」の値で宣言しています。

②では「text1」というstring型のローカル定数を"超入門"の値で宣言しています。

③では「text2」というstring型のローカル定数を"C#"の値で宣言しています。

④では「text」というstring型のローカル定数をtext1とtext2の連結値で定義しています。

④のように定数の初期化式に更に別のローカル定数を参照することもできますが、コンパイル時に値が決定されるものに限られます。たとえば、次の⑤のような宣言は、実行時に値が決定されるためコンパイルエラーとなります。

```
const string text = year.ToString();  // -- ⑤コンパイルエラー！
```

8-3 配列を理解しよう

同じデータ型の集まり（コレクション）のそれぞれのデータを変数に割り当て、それらの変数をインデックスで特定できると大変便利です。このため、「配列」といわれる同じデータ型の変数の集合体がサポートされています。配列は代用的なコレクションです。

8-3-1 配列って何？

「配列」は同じデータ型の変数の集合体で、それぞれのデータ項目は「**要素**」といわれます。

要素は0から始まる正の整数により識別され、この整数は「**インデックス**」とよばれます。またインデックスは0から欠番なく使用されます。

配列の宣言は、変数の宣言のデータ型の後ろに「[]」を付加するだけです。

```
string[] countryNames;
```

上記では文字列型のcountryNamesという配列を宣言しています。countryNames配列はこのままではnull状態なため、その利用に当たってはインスタンスを作成する必要があります。配列のインスタンスはnew演算子を使い、データ型の後ろに「[<要素数>]」を指定します。

```
countryNames = new string[5];
```

上記ではcountryNames配列の要素数が5個のインスタンスを生成しています。また、宣言と一緒に次のように記述することもできます。

```
string[] countryNames = new string[5];
```

上記のように配列のインスタンスは生成しますが、一度設定された要素数はその後、大きくも小さくも変更することはできません。

それではサンプルを使って配列を確認してみましょう。

図8.4は配列のサンプルイメージです。「countryNames」という名前で、5つの要素を持つ文字列の配列です。配列のインデックスは0から始まるので、最後の要素のインデックスは4になります。またその各要素は、"イギリス"、"オランダ"、"フランス"、"ドイツ"、"イタリア"の国名で初期化されています。

CHAPTER 8　変数と配列を理解しよう

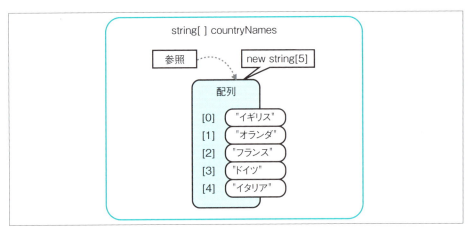

● 図8.4　一次元配列

さて、この配列の宣言をみてみましょう。

この配列はリスト8.1のように宣言し、初期化することができます。また、よりシンプルに、リスト8.2、あるいはリスト8.3にように宣言（初期化）することもできます。

▼ リスト8.1　一次元配列（1）

```
01: string[ ] countryNames = new string[5];
02: countryNames [0] = "イギリス";
03: countryNames [1] = "オランダ";
04: countryNames [2] = "フランス";
05: countryNames [3] = "ドイツ";
06: countryNames [4] = "イタリア";
```

▼ リスト8.2　一次元配列（2）

```
01: string[ ] countryNames = new string[]
02: {
03:     "イギリス",
04:     "オランダ",
05:     "フランス",
06:     "ドイツ",
07:     "イタリア"
08: };
```

▼リスト8.3　一次元配列（3）

```
01: string[ ] countryNames =
02: {
03:     "イギリス",
04:     "オランダ",
05:     "フランス",
06:     "ドイツ",
07:     "イタリア"
08: };
```

8-3-2　配列の参照はどうするの？

配列のそれぞれの要素は次のように参照します。

```
string country = countryNames[index];
```

たとえば、インデックスが[0]の場合は"イギリス"が参照され、4の場合は"イタリア"が参照されます。

8-4 多次元配列を理解しよう

これまで見てきた配列は1つのインデックスで要素を特定するいわば「一次元配列」ですが、複数のインデックスで要素を特定する「多次元配列」も存在します。

8-4-1 C#の配列の種類を知ろう

　C#のサポートする配列には、「一次元配列」、「矩形配列」、「ジャグ配列」という3つのタイプがあります。これまで見てきた配列は、正確には一次元配列といわれ、矩形配列とジャグ配列は多次元配列になります。

　3つのタイプの配列をイメージで比較してみましょう（図8.5）。

　一次元配列は直線的なリストのイメージになります。

　また、矩形配列は多次元の配列で、たとえば二次元配列であれば平面的な表、三次元配列であれば立体的なキューブのイメージになります。

　矩形配列の二次元配列ではどの行の列数も同じですが、行ごとに列数が違う多次元配列も考えられます。

　そして、このような多次元配列は「ジャグ配列」とよばれ、イメージとしてはツリー（木構造）になります。

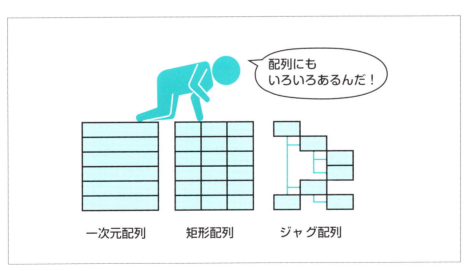

●図8.5　一次元配列、矩形配列、ジャグ配列のそれぞれの対比したイメージ

8-4-2 矩形配列を知ろう

前述したとおり、矩形配列は多次元の配列で、二次元であれば表、三次元であればキューブのイメージになります。

矩形配列の宣言は、一次元配列の宣言の「[]」の中にカンマ「,」を入れ、次元数を指定します。カンマが1つ入れば二次元、2つ入れば三次元の矩形配列が宣言されます。

```
string[,] capitalNames;
```

上記では文字列型のcapitalNamesという矩形配列を宣言しています。一次元配列同様、capitalNames矩形配列はこのままではnull状態なため、その利用に当たってはインスタンスを作成する必要があります。

矩形配列のインスタンスの生成には、一次元配列と同様にnew演算子を使いますが、「[]」の中にカンマで区切って各次元の要素数を指定します。

```
capitalNames = new string[5, 2];
```

上記ではcapitalNames矩形配列（二次元）の要素数が（5個、2個）のインスタンスを生成しています。また、宣言と一緒に次のように記述することもできます。

```
string[,] capitalNames = new string[5, 2];
```

一次元配列と同様、一度設定された要素数はその後、大きくも小さくも変更することはできません。

図8.6は矩形配列のサンプルイメージです。「capitalNames」という名前で、（5×2）個の要素を持つ文字列の二次元配列です。

またその各要素は、("イギリス","ロンドン")、("オランダ","アムステルダム")、("フランス","パリ")、("ドイツ","ベルリン")、("イタリア","ローマ")の（国名, 都市名）で初期化されています。

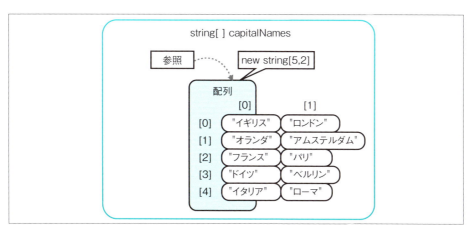

● 図8.6　二次元配列

CHAPTER 8　変数と配列を理解しよう

さて、この矩形配列は**リスト8.4**のように宣言することができます。また、**リスト8.5**のように宣言することもできます。

▼ リスト8.4　二次元配列（1）

```
01: string[ , ] capitalNames = new string[5, 2]
02: {
03:     {"イギリス",   "ロンドン"},
04:     {"オランダ",   "アムステルダム"},
05:     {"フランス",   "パリ"},
06:     {"ドイツ",     "ベルリン"},
07:     {"イタリア",   "ローマ"}
08: };
```

▼ リスト8.5　二次元配列（2）

```
01: string[ , ] capitalNames =
02: {
03:     {"イギリス",   "ロンドン"},
04:     {"オランダ",   "アムステルダム"},
05:     {"フランス",   "パリ"},
06:     {"ドイツ",     "ベルリン"},
07:     {"イタリア",   "ローマ"}
08: };
```

● 矩形配列要素の参照はどうするの？

矩形配列のそれぞれの要素は次のように参照します。

```
string countryName = capitalNames[countryIndex, 0];
string capitalName = capitalNames[countryIndex, 1];
```

一次元目のインデックスとなる「countryIndex」という変数は0〜4の範囲で国を指定します（0はイギリス、1はオランダ、2はフランス、3はドイツ、4はイタリアを指します）。また、二次元目のインデックス0は国名、1はその首都を指します。

たとえば、インデックスが[0, 0]の場合は"イギリス"が参照され、[0, 1]の場合は"ロンドン"が参照されます。また、インデックスが[4, 0]の場合は"イタリア"が参照され、[4, 1]の場合は"ローマ"が参照されます。

さて、インデックス値が配列の範囲を越えたものが指定された場合はどうなるでしょうか。たとえば[2, 0]、あるいは[0, 5]などです。このように配列の範囲を越えるインデックス値により参照が実行された場合は、その実行は中断されアプリケーションは終了してしまいます。

実はこのような予期しない継続不可能な事態が発生した場合は、実行環境から「例外」といわれるメッセージがプログラムに伝えられます。C#ではこのメッセージに対応する仕掛けも用意されています。そしてプログラムを終了させずに継続させることなども

可能ですが、ここでは例外の存在と、例外が発生した場合も対応方法があることだけ知っておいてください。

8-4-3 ジャグ配列を知ろう

ジャグ配列は各次元の要素数が同じでない多次元配列で、ツリー（木構造）のイメージになります。

ジャグ配列の宣言は、一次元配列の宣言の「[]」を次元の数だけ配置します。二次元であれば2つ、三次元のジャグ配列であれば3つの「[]」を配置します。

```
string[][] cityNames;
```

上記では文字列型のcityNamesというジャグ配列を宣言しています。一次元配列同様、cityNamesジャグ配列はこのままではnull状態なため、その利用に当たってはインスタンスを作成する必要があります。

ジャグ配列のインスタンスの生成には、一次元配列と同様にnew演算子を使いますが、各次元の要素数が可変のため、最初の次元の要素数から順次指定することになります。

```
cityNames = new string[5][];
```

上記ではcityNamesジャグ配列（二次元）の一次元目の要素数が5個のインスタンスを生成しています。このように一次元目の要素を生成した後に二次元目のそれぞれのインスタンスを生成します。

```
cityNames[0] = new string[2];
cityNames[1] = new string[3];
cityNames[2] = new string[4];
cityNames[3] = new string[5];
cityNames[4] = new string[4];
```

上記ではcityNamesジャグ配列の一次元目の各要素に対してそれぞれ二次元目のインスタンスを生成しています。

図8.7はジャグ配列のサンプルイメージです。「cityNames」という名前で、（5×n）個の要素を持つ文字列の二次元配列です。またその各要素は、("イギリス","ロンドン")、("オランダ", "アムステルダム","ロッテルダム")、("フランス", "パリ","リヨン"," マルセイユ")、("ドイツ","ベルリン","ハンブルグ","フランクフルト","ミュンヘン")、("イタリア","ローマ","サンマリノ","ミラノ")の（国名，都市名，…）で初期化されています。

CHAPTER 8　変数と配列を理解しよう

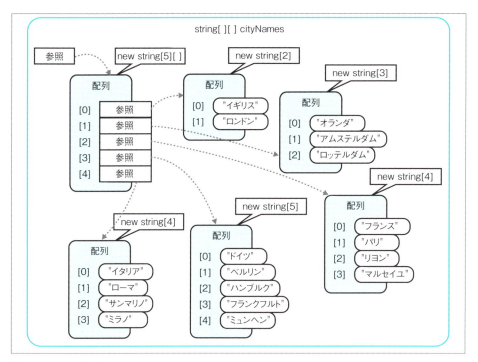

● 図8.7　ジャグ配列

この矩形配列は**リスト8.6**のように宣言,することができます。

▼ リスト8.6　ジャグ配列

```
01: string[ ][ ] cityNames = new string[5][ ];
02: cityNames[0] = new string[]{"イギリス", "ロンドン"};
03: cityNames[1] = new string[]{"オランダ", "アムステルダム", "ロッテルダム"};
04: cityNames[2] = new string[]{"フランス", "パリ", "リヨン", "マルセイユ"};
05: cityNames[3] = new string[]{"ドイツ", "ベルリン", "ハンブルグ", "フランクフルト","ミュンヘン"};
06: cityNames[4] = new string[]{"イタリア", "ローマ", "サンマリノ", "ミラノ"};
```

● ジャグ配列要素の参照はどうするの？

ジャグ配列のそれぞれの要素は次のように参照します。

```
string countryNmae = cityNames[countryIndex][0];
string cityName = cityNames [countryIndex][cityIndex];
```

一次元目のインデックスとなる「countryIndex」という変数は0～4の範囲で国を指定します。また、二次元目のインデックス0は国名、1以上はその都市を指しますが、国により登録されている都市の数は違います（イギリスは1つ、オランダは2つ、フランスは3つ、ドイツは4つ、イタリアは3つの都市が登録されています）。

たとえば、インデックスが[0][0]の場合は"イギリス"が参照され、[0][1]の場合は"ロ

ンドン"が参照されます。また、インデックスが[4][0]の場合は"イタリア"が参照され、[4][3]の場合は"ミラノ"が参照されます。

8-5 プログラムを作ってみよう

変数はこれまでのサンプルプログラムでも使用していましたが、識別子なども含めて改めて確認できたと思います。配列についてもここでしっかり理解しましょう。そこでこれまでと同様、配列を使ったプログラムを作成し、その使い方や感触をつかんでおきましょう。

8-5-1 ここで作成するプログラム

ここで作りたいプログラムは次のようなものです。

「コンソールから国名を入力し、その国の首都名を表示するプログラム」

● Step1　プロシジャの骨組みの作成

最初に、指定された国名の首都名を求めるプロシジャを作成してみましょう。

リスト8.7のプロシジャ（GetCapitalName）をメインプログラム（Main）の下に追加入力してください。

これはプロシジャ（GetCapitalName）の骨組みになります。国名の配列（countryNames）のすべての要素（国名と配列）の取り出しを繰り返すだけのものです。

▼リスト8.7　GetCapitalNameプロシジャ（Step1）

```
01:     ──── // ──── ①プロシジャ (GetCapitalName) を定義
02:     static string GetCapitalName(string countryName)
03:     {
04:         ──── // ──── ②国名と首都名の二次元配列 (countryCapitalNames) を用意
05:         string[,] countryCapitalNames =
06:         {
07:             {"イギリス",   "ロンドン"},
08:             {"オランダ",   "アムステルダム"},
09:             {"フランス",   "パリ"},
10:             {"ドイツ",     "ベルリン"},
11:             {"イタリア",   "ローマ"}
12:         };
13:         ──── // ────
14:         string capitalName = "?";
                ──── // ── ③結果値の変数 (capitalName) を用意
15:         ──── // ── …"?"に初期化
16:         ──── // ────
17:         int index = 0;
                ──── // ── ④配列インデックスの変数 (index) を用意
```

```
18:        ─────  // ---- ⑤indexがcountryCapitalNamesの一次元目の要素数より
                    小さい場合のみwhile文の中へ
19:        while (index < countryCapitalNames.GetLongLength(0))
20:        {
21:            ─────  // ----
22:            index++;                  ─────  // -- ⑥indexに1を加える
23:        }                             ─────  // -- …⑤へ戻る
24:        return capitalName;           ─────  // -- ⑦capitalNameの値を返却する
25:    }
```

基本的な設計は国名と首都名の二次元配列（countryCapitalNames）を用意し、国名でマッチしたインデックスで首都名の要素を取り出し、対応する首都名を得ようというものです。この二次元配列は一次元目で5つの国を識別し、二次元目で国名と首都名を識別します。たとえば、countryCapitalNames[3,0]は"ドイツ"で、countryCapitalNames[3,1]は"ベルリン"を指します。

④の配列インデックス（index）は国を識別するための一次元目のインデックスで、⑤ではこのインデックスがcountryCapitalNamesのすべての国の要素（5つ）より小さい場合のみwhile文の中へ入るよう記述されています。ここで、「GetLongLength」というメソッドで指定の次元の要素数を取得しています。

● Step2　　プロシジャの中身の作成

作成したプロシジャ（GetCapitalName）の骨組みの中に国名のマッチングと首都名の取り出し部分を組み込んでみましょう。

リスト8.8のようにプロシジャ（GetCapitalName）の内容を入力してください。

⑧のcountryCapitalNames[index,0]ではそのindexの国名を取得し、⑨のcountryCapitalNames[index,1]ではそのindexの首都名を取得しています。

▼リスト8.8　GetCapitalNameプロシジャ（Step2）

```
01:    ─────  // -------- ①プロシジャ（GetCapitalName）を定義
02:    static string GetCapitalName(string countryName)
03:    {
04:        ─────  // ---- ②国名と首都名の二次元配列（countryCapitalNames）を用意
05:        string[,] countryCapitalNames =
06:        {
07:            {"イギリス",    "ロンドン"},
08:            {"オランダ",    "アムステルダム"},
09:            {"フランス",    "パリ"},
10:            {"ドイツ",      "ベルリン"},
11:            {"イタリア",    "ローマ"}
12:        };
13:        ─────  // ----
14:        string capitalName = "?";  ─────  // -- ③結果値の変数（capitalName）を用意
15:        ─────  // -- …"?"に初期化
```

```
16:             ────── // ----
17:             int index = 0;                    ────── // -- ④配列インデックスの変数(index)を用意
18:             ────── // ----⑤indexがcountryCapitalNamesの一次元目の要素数より小さい場合のみ
        while文の中へ
19:             while (index < countryCapitalNames.GetLongLength(0))
20:             {
21:                 if (countryCapitalNames[index, 0] == countryName)
22:                     ────── // -- ⑧指定の国名と比較
23:                 {      // -- …国名がマッチ
24:                     capitalName = countryCapitalNames[index, 1];
25:                                                 ────── // -- ⑨首都名をcapitalNameに設定
26:                     break;                     ────── // -- ⑩whileを抜ける
27:                 }
28:                 index++;                       ────── // -- ⑥indexに1を加える
29:             }                                   ────── // -- …⑤へ戻る
30:             return capitalName;                ────── // -- ⑦capitalNameの値を返却する
31: }
```

● Step3　　メインプログラムの骨組みの作成

次にこのプロシジャ(GetCapitalName)を利用して、コンソールから国名を入力し、その国名の首都名を表示するメインプログラムを作成してみましょう。

リスト8.9のようにメインプログラム(Main)の内容を入力してください。

これはメインプログラムの骨組みになります。コンソールから国名の入力を繰り返し促し、Enterキーのみの入力で繰り返しを終了するだけのものです。

▼ リスト8.9　メインプログラム(Step3)

```
01: static void Main(string[] args)
02: {
03:     string countryName;          ────── // -- ①入力される国名の変数(countryName)を用意
04:     int number = 0;              ────── // -- ②順番号の変数(number)を用意
05:         ────── // -- …初期値を0に設定
06:     do
07:     {
08:         number++;                ────── // -- ③numberのカウントアップ
09:         Console.Write("({0})国名 = ", number);
10:                                  ────── // -- ④"({0})国名 = "をコンソールに表示
11:         countryName = Console.ReadLine();
                    ────── // -- ⑤コンソールから国名の読み込み
12:     } while (countryName.Length > 0);
13:             ────── // -- ⑥countryNameが入力された場合のみ繰り返し
14:     Console.WriteLine("おわり。");
                ────── // -- ⑦"おわり。"をコンソールに表示
15:     Console.ReadLine();          ────── // -- ⑧行入力待ちとする
16: }
```

● Step4　メインプログラムの中身の作成

作成したメインプログラムの骨組みの中に次の部分を組み込んでみましょう。

「その国の首都名を表示する」

リスト8.10のようにメインプログラム（Main）の内容を入力してください。

▼ リスト8.10　メインプログラム（Step4）

```
01: static void Main(string[] args)
02: {
03:     string countryName;          // -- ①入力される国名の変数(countryName)を用意
04:     int number = 0;              // -- ②順番号の変数(number)を用意
05:                                   // -- …初期値を0に設定
06:     do
07:     {
08:         number++;                // -- ③numberのカウントアップ
09:         Console.Write("({0})国名 = ", number);
10:                                   // -- ④"({0})国名 = "をコンソールに表示
11:         countryName = Console.ReadLine();
                                      // -- ⑤コンソールから国名の読み込み
12:         string capitalName = Program.GetCapitalName(countryName);
13:                                   // -- ●⑨GetCapitalNameの呼び出し
14:         Console.WriteLine("首都 = " + capitalName);
15:                                   // -- ●⑩首都名をコンソールに表示
16:     } while (countryName.Length > 0);
17:                                   // -- ⑥countryNameが入力された場合のみ繰り返し
18:     Console.WriteLine("おわり。");    // -- ⑦"おわり。"をコンソールに表示
19:     Console.ReadLine();           // -- ⑧行入力待ちとする
20: }
```

● Step5　プログラムの実行

それでは、作成したプログラムを実行してみましょう。入力データとして、順次「イギリス」、「日本」、「イタリア」、「パリ」、「Enterのみ」を入力した場合の実行結果は、図8.8のようなものになります。

```
(1)国名 ＝ イギリス
首都 ＝ ロンドン
(2)国名 ＝ 日本
首都 ＝ ?
(3)国名 ＝ イタリア
首都 ＝ ローマ
(4)国名 ＝ パリ
首都 ＝ ?
(5)国名 ＝
首都 ＝ ?
おわり。
```

● 図8.8　実行結果

要点整理

- 識別子の付け方にはPascal形式やCamel形式などがある。
- 変数はデータ値の入れ物である。
- 変数はデータ型と名前により宣言される。
- 定数は初期化され読み取り専用で利用される変数である。
- 配列は同じデータ型の変数の集合体である。
- 配列のインデックスは0から始まる正の整数値である。
- 配列には「一次元配列」、「矩形配列」、「ジャグ配列」の3つのタイプがある。

練習問題

問題1 次のうち間違いはどれでしょうか（2つあります）。

① 識別子にASCII文字の英数字とアンダースコア(_)を使うことができます。
② 識別子に日本語文字は使用できません。
③ 識別子に記号は使用できません。
④ 識別子の先頭文字に数字は使用できません。
⑤ 識別子の大文字と小文字は区別されません。

問題2 「Super Introduction Book」というワードを連結して指定の識別子にしてください。

① クラス名 (Pascal形式)
② 変数名 (Camel形式)

問題3 次の□を埋めてください。

□①□に明確なデータ型があることで□②□や□③□を向上させることができます。
例えば、データ型の違うデータを設定することや、データ型の違うデータどうしを比較することや、あるデータ型が必要なところに別データ型のデータを記述することなどの記述ミスをコンパイル時に排除することができます。また、よりわかりやすいプログラムにもなります。

問題4 次の初期値を埋めてください。

データ型	基本データ型	初期値
論理型	bool	
文字型	char	
文字列型	string	

CHAPTER 8　変数と配列を理解しよう

問題5　次のうち間違いはどれでしょうか（2つあります）。

① 配列は同じデータ型の変数の集合体です
② 配列のそれぞれのデータ項目は要素といわれます。
③ 配列はインデックスとよばれる1から始まる正の整数により識別されます。
④ 配列はその要素数を最初に設定します。
⑤ 配列の要素数は初期化後も変更することができます。

問題6　次の一次元配列を宣言してください。
keyNumbersという名前の整数の一次元配列（要素数は8）

問題7　次のうち間違いはどれでしょうか（2つあります）。

① 3つのインデックスで要素を特定する集合体は3次元の集合体です。
② 一次元配列は一連のリストのイメージです。
③ 二次元の矩形配列は表のイメージです。
④ 三次元の矩形配列はツリー（木構造）のイメージです。
⑤ ジャグ配列はキューブのイメージです。

問題8　次の矩形配列を宣言してください。
cubeという名前の整数の三次元配列（要素数は2×4×6）

問題9　次のジャグ配列を用意してください。
treeという名前の整数の二次元配列（要素数は3×(1, 3, 5)）

CHAPTER

9

演算子を理解しよう（1）

コンピュータの利用は必ずしも計算が目的ではありませんが、「電子計算機」と訳されるように、ほとんどのプログラムでは計算を必要とします。
この計算を指示するプログラミング記号として「演算子」が存在します。演算子は四則演算など数学記号としても馴染みがあると思いますが、ここでは、C#における演算子の使い方について理解しましょう。

9-1	演算子とは	P.148
9-2	基本演算子を理解しよう	P.150
9-3	プログラムを作ってみよう	P.157

CHAPTER 9　演算子を理解しよう（1）

9-1 演算子とは

「演算子」は、数値の加算や比較、あるいは変数への設定など、データの演算を指示するプログラミング記号です。演算子は演算をわかりやすく、シンプルに記述することができます。

9-1-1 演算子とデータ型を知ろう

　C#の演算子のカテゴリには数学記号に対応する「算術演算子」をはじめ、「連結演算子」、「ビット演算子」、「論理演算子」、「比較演算子」などの基本的な演算子、変数への値の設定（代入）をサポートする「代入演算子」、更に「インデクサ演算子」、「型情報演算子」、「オブジェクト演算子」などがあります。

　また、演算子は記号だけでなくコマンドのような形式や関数の形式をした演算子もあります。たとえば、オブジェクト型のインスタンスを生成する「new」も演算子の1つです。

　それぞれの演算子については後述しますが、まずは演算子の基本的な特性について概観しておきたいと思います。四則演算など多くの演算子が2つのデータを対象としますが、負符号など1つのデータを対象とする演算子も存在します。このような対象のデータ数を示す呼び方として、「単項演算子」、「二項演算子」ということもあります。

　さて、演算子はすべてのデータ型で利用できるものもありますが、基本的にはそれぞれのデータ型に付属する演算（機能）をサポートします。

　たとえば「+」は数値データにおいては数値の演算子となりますが、文字列データでは文字列の連結の演算子となります（図9.1）。

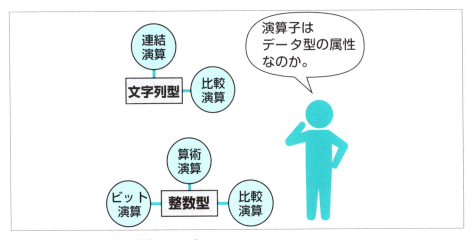

● 図9.1　データ型に付属する演算のイメージ

ここで、演算子とデータ型の関係を基本演算子（**表9.1**）、代入演算子（**表9.2**）、その他の演算子（**表9.3**）別に整理してみましょう。

それぞれの表で「○」のついた関係は、演算子から見ると、その演算子がそのデータ型で使用できることを意味しています。逆にデータ型から見ると、そのデータ型に付属する演算子であることを意味しています[注1]。

● 表9.1　基本演算子とデータ型

基本演算子		整数型	実数型	論理型	文字型	文字列型	オブジェクト型
算術演算子		○	○				
連結演算子						○	
ビット演算子		○					
論理演算子				○			
比較演算子	等号比較	○	○	○	○	○	○
	大小比較	○	○		○		

● 表9.2　代入演算子とデータ型

代入演算子	整数型	実数型	論理型	文字型	文字列型	オブジェクト型
代入演算子	○	○	○	○	○	○
算術代入演算子	○	○				
連結代入演算子					○	
ビット代入演算子	○					
論理代入演算子			○			

● 表9.3　その他の演算子とデータ型

その他の演算子	整数型	実数型	論理型	文字型	文字列型	オブジェクト型
インデクサ演算子					○	○（配列）
型情報演算子	○	○	○	○	○	○
オブジェクト演算子						○

(注1)　ここではデータ型に演算子が付属するイメージだけつかんでおいてください。

9-2 基本演算子を理解しよう

演算子とデータ型との関係は理解できたでしょうか。ここでは基本的な演算子である、算術演算子、連結演算子、ビット演算子、論理演算子、比較演算子について理解していきましょう。

9-2-1 算術演算子を知ろう

算術演算子は整数型と実数型の数値演算をサポートします。
算術演算子には単項演算子（表9.4）と二項演算子（表9.5）があります。

● 表9.4　算術演算子（単項演算子）

算術演算子	説明	記述パターン
+	正符号です。	+ value
-	負符号です。	- value
++	1を加算します。	value ++ ++ value
--	1を減算します。	value -- -- value

● 表9.5　算術演算子（二項演算子）

算術演算子	説明	記述パターン
+	左辺の値と右辺の値を加算します。	value1 + value2
-	左辺の値から右辺の値を減算します。	value1 - value2
*	左辺の値と右辺の値を乗算します。	value1 * value2
/	左辺の値を右辺の値で除算します。	value1 / value2
%	除算のあまりを求めます。	value1 % value2

算術演算子の「+」、「-」、「*」、「/」演算子は、数値データの加算、減算、乗算、除算に対応しています。

```
num1 + num2 - num3;
num4 * num5 / num6;
```

上記のステートメントではnum1の値とnum2の値を加え、その値からnum3の値を引いています。また、num4の値とnum5の値を掛け、その値をnum6の値で割っています（数学と同じですね）。

単項演算子の正符号と負符号は数学と同様ですが、「++」と「--」演算子は対象の数値データに1を加えたり、減らしたりする演算をサポートする演算子です。もちろん、

「<数値データ> + 1」、「<数値データ> - 1」のように記述することもできますが、「++」、「--」演算子を使うことでより簡易的に記述することができます。

```
count++;
index--;
```

上記のステートメントではcountという変数に1を加え、indexという変数からは1を引いています。ちなみに、プログラムでは配列のインデックスの加減算など、1の加算や減算はよく使われます。また、整数の加算は「**インクリメント**」、減算は「**デクリメント**」といわれます。

二項演算子の加減乗除は数学の演算子と同様ですが、「%」演算子は除算のあまりを求める演算子です。

たとえば映画館の座席が、前から1～20行、横方向に1～8列の「行-列」のような座席番号で管理されているとします。並んでいる人に座席番号を「1-1」～「1-8」…「20-1」～「20-8」…の順に割り当てようとするとn番目の人の列番号は次の式で求めることができます。

```
((n - 1) % 8) + 1
```

9-2-2 連結演算子を知ろう

連結演算子は文字列型のデータの連結をサポートします。また、文字列データと文字データの連結も可能です。

連結演算子は二項演算子になります（**表9.6**）。連結演算子は2つの文字列、あるいは文字列と文字を単純に連結してくれます。たとえば、次の演算の結果（text）は、"電話番号：03-1234-5678"となります。

```
string text1 = "電話番号";
string text2 = "03-1234-5678";
string text = text1 + "：" + text2;
```

● 表9.6 連結演算子

連結演算子	説明	記述パターン
+	左辺と右辺を連結します	text1 + text2

また、先の映画館の座席の例で、n番目の人の座席番号は次の式で求めることができます。

```
((n / 8) + 1).ToString() + "-"+ (((n - 1) % 8) + 1) .ToString()
```

上記の式は、n番目の行番号と列番号を求め、「-」で連結しています。

9-2-3 ビット演算子を知ろう

　ビット演算子は整数データを数値としてではなく、ビットのセットとしてその演算をサポートします。

　たとえば、画像データは縦横に整列した1つずつのピクセルから構成されますが、1つのピクセル情報はRGB（赤緑青）による24ビットのカラー情報です。このピクセル（24ビット）のビットパターンに演算を加えることで画像データを編集することができます。また、マウスポインタが画面の上を移動するのは、画面とマウスポインタのビット演算により実現されています。

　ビット演算子には単項演算子（表9.7）と二項演算子（表9.8）があります。

● 表9.7　ビット演算子（単項演算子）

ビット演算子	説明	記述パターン
~	ビットを反転します。	~ value

● 表9.8　ビット演算子（二項演算子）

ビット演算子	説明	記述パターン
&	左辺のビット値と右辺のビット値の論理積（AND）を求めます。	value1 & value2
|	左辺のビット値と右辺のビット値の論理和（OR）を求めます。	value1 | value2
^	左辺のビット値と右辺のビット値の排他的論理和（XOR）を求めます。	value1 ^ value2
<<	左辺のビット値を右辺の数だけ左シフトしたビット値を求めます。	value << shift
>>	左辺のビット値を右辺の数だけ右シフトしたビット値を求めます。	value >> shift

　単項演算子の「~」はビットを反転させます。たとえば、「1010」というビットパターンの反転は「0101」となります。では次の演算の結果はどうなるでしょうか。

~(0xABCD)

　16進数の「0xABCD」のビットパターンは「1010 1011 1100 1101」なので、その反転は「0101 0100 0011 0010」となり16進数では「0x5432」となります。

　二項演算子には「&」「|」「^」というビットの論理演算子が用意されています。各ビットの論理演算は表9.9のようなものになります。

● 表9.9　ビットの論理演算

左辺	右辺	論理積（AND）	論理和（OR）	排他的論理和（XOR）
1	1	1	1	0
1	0	0	1	1
0	1	0	1	1
0	0	0	0	0

たとえば、次の演算の結果はどうなるでしょうか。

```
(0x1234) & (0x1234)
(0x1234) | (0x1234)
(0x1234) ^ (0x1234)
```

表9.9を眺めながら上記のビットの論理積、論理和、そして排他的論理和を確認していきましょう。

16進数の「0x1234」のビットパターンは「0001 0010 0011 0100」なので、そのビットの論理積は「0001 0010 0011 0100」となり16進数では「0x1234」、ビットの論理和は「0001 0010 0011 0100」となり16進数では「0x1234」となり、同じ値どうしのビットの論理和と論理積はそのまま変わらないことがわかります。

また、ビットの排他的論理和は「0000 0000 0000 0000」となり16進数では「0x0000」となり、同じ値どうしのビットの排他的論理和は0になることがわかります。

さて、二項演算子の「<<」「>>」はビットを左、右にシフトさせます。たとえば、次の演算の結果はどうなるでしょうか。

```
(0x000A) << 4
(0x00A0) >> 4
```

16進数の「0x000A」のビットパターンは「0000 0000 0000 1010」なので、4ビットの左シフトは「0000 0000 1010 0000」となり16進数では「0x00A0」となります。また、16進数の「0x00A0」の4ビットの右シフトは「0x000A」となります。

実は4ビットの左シフトは16を乗算した結果と同じで、4ビットの右シフトは16で除算した結果と同じになります。同様にビットの左シフトは、1ビットは2倍、2ビットは4倍、3ビットは8倍、…となります。

9-2-4 論理演算子を知ろう

論理演算子は論理データの論理演算をサポートします。論理演算の基本は「**論理和（OR）**」、「**論理積（AND）**」、「**排他的論理和（XOR）**」になります（表9.10）。

● 表9.10 論理演算

左辺	右辺	論理積（AND）	論理和（OR）	排他的論理和（XOR）
true	true	true	true	false
true	false	false	true	true
false	true	false	true	true
false	false	false	false	false

論理和と論理積はデータの検索などでもよく使われるので、わかりやすいと思います。

CHAPTER 9　演算子を理解しよう（1）

たとえば、Webの情報検索サイトで、「和食」か「和風居酒屋」のどちらかを満たす場合は論理和で、「恵比寿」で「和食」のようにどちらの条件も満たす絞り込みは論理積となります。

排他的論理和はちょっとわかりづらいですが、「免許あり」と「車あり」の排他的論理和は「免許あり」で「車なし」と「免許なし」で「車あり」が該当します。

論理演算子には単項演算子（表9.11）と二項演算子（表9.12）があります。

●表9.11　論理演算子（単項演算子）

論理演算子	説明	記述パターン
!	論理値を否定します。	! value

●表9.12　論理演算子（二項演算子）

論理演算子	説明	記述パターン
&	左辺の論理値と右辺の論理値の論理積（AND）を求めます。	value1 & value2
|	左辺の論理値と右辺の論理値の論理和（OR）を求めます。	value1 | value2
^	左辺の論理値と右辺の論理値の排他的論理和（XOR）を求めます。	value1 ^ value2
&&	左辺の論理値と右辺の論理値の条件論理積（AND）を求めます。	value1 && value2
||	左辺の論理値と右辺の論理値の条件論理和（OR）を求めます。	value1 || value2

ビット演算子の「&」、「|」、「~」が整数データのビットごとの論理演算をサポートするのに対し、論理演算子の「&」、「|」、「^」は論理データの論理演算をサポートします。論理演算子のほうが一般的に使用する機会が多いと思いますが、両者を混同しないよう気を付けてください。

COLUMN

ショートサーキット評価とは何？

論理積（AND）、および論理和（OR）の演算子には「&」、「|」の他に「&&」、「||」があります。どちらも論理積（AND）、論理和（OR）を求める演算子ですが、「&&」、「||」は**「ショートサーキット評価」**といわれる方法で論理演算を行います。

ショートサーキット評価とは、論理積（AND）、および論理和（OR）の左辺の評価だけで結果が求まる場合は、右辺の評価をスキップする方式です（表A）。

ショートサーキット評価でも結果は同じものとなるため、ショートサーキット評価のほうが無駄な処理をしなくて済みますが、右辺にメソッドの呼び出しなどがある場合では、そのメソッドが実行されないケースがあることに注意する必要があります。必ず右辺のメソッドを実行させなければいけない場合、ショートサーキット評価は避ける必要があります。

● 表A　ショートサーキット評価

ショートサーキット評価	左辺の評価値	右辺の評価値	評価値
条件論理積（AND）	true	評価要	右辺の評価値
	false	評価不要	false
条件論理和（OR）	true	評価不要	true
	false	評価要	右辺の評価値

9-2-5　比較演算子を知ろう

比較演算子は「関係演算子」ともいわれ、2つのデータの大小を比較し、論理値を結果とします。

比較演算子はすべて二項演算子になります（表9.13）。比較演算子は単純にデータの大小を比較しますが、たとえば次の演算の結果は同じになります。

```
value1 != value2と!(value1 == value2)
value1 < value2と!(value1 >= value2)
value1 > value2と!(value1 <= value2)
```

また、「==」、「!=」がすべてのデータに使えるのに対し、「<」、「>」、「<=」、「>=」は整数型、実数型、および文字型のデータにのみ使用できます(注2)。

TIPS　（注2）　文字列型の大小比較は比較演算子ではできません。

CHAPTER 9　演算子を理解しよう（1）

● 表9.13　比較演算子

比較演算子	説明	記述パターン
==	左辺の値と右辺の値が等しいか論理値を求めます。	value1 == value2
!=	左辺の値と右辺の値が等しくないか論理値を求めます。	value1 != value2
<	左辺の値が右辺の値より小さいか論理値を求めます。	value1 < value2
>	左辺の値が右辺の値より大きいか論理値を求めます。	value1 > value2
<=	左辺の値が右辺の値以下か論理値を求めます。	value1 <= value2
>=	左辺の値が右辺の値以上か論理値を求めます。	value1 >= value2

● 論理値と比較演算子

　論理値の存在と、それが制御文などで必要不可欠なデータ値であることはこれまで見てきたとおりですが、この論理値を求められる演算子は論理演算子と比較演算子だけです。特に比較演算子は論理値を生成することができるという意味では特別な演算子といえます。

　同じか違うか、どちらが大きいか小さいか、などは幼い頃から身につけられる概念ですが、そのままプログラミング言語としても大切な概念であり、比較演算子として反映されているわけです。

● 参照型の比較演算子

　文字列型、オブジェクト型のような参照型のデータ型については、大小比較の比較演算子はありません。

　これは参照型の参照に大きさがないためと考えられます。このため、文字列データなどの比較は個別に処理を作成する必要があります。

9-3 プログラムを作ってみよう

四則演算子などはこれまでのサンプルプログラムでも使用していましたが、ここでは基本的な演算子について改めて確認できたと思います。これまでと同様、論理演算子や比較演算子を使ったプログラムを実際に作成して、その使い方や感触をつかんでおきましょう。

9-3-1　ここで作成するプログラム

ここで作りたいプログラムは次のようなものです。

「2000～2100年で1月1日が日曜日の日をコンソールに表示するプログラム」

ある月日が指定の曜日になる確率は1/7であるため、概算では101/7 = 14で、14日あることになりますがプログラムの実行結果はどうなるでしょうか。

● **Step1**　　プロシジャの作成

最初に、指定された期間で曜日と月日がマッチする日をコンソールに表示するプロシジャを作成してみましょう。

リスト9.1のプロシジャ（WriteMatchDays）をメインプログラム（Main）の下に追加入力してください。

⑦で対象の日付（date）が指定の条件（曜日と月と日）にマッチしているかどうかをチェックしています。すべての条件にマッチする必要があるため、論理演算子の論理積「&&」を利用しています（「&」でも問題ありません）。

▼リスト9.1　WriteMatchDaysプロシジャ（Step1）

```
01:         // -------- ①プロシジャ（WriteMatchDays）を定義
02: static void WriteMatchDays(
03:     DayOfWeek dayOfWeek,        // -- マッチ条件の曜日
04:     int month,                  // -- マッチ条件の月
05:     int day,                    // -- マッチ条件の日
06:     DateTime startDate,         // -- 対象期間の開始日
07:     DateTime endDate)           // -- 対象期間の終了日
08: {
09:     Console.WriteLine("{0}の{1}月{2}日",
10:         dayOfWeek.ToString(), month, day);
11:                                 // -- ②マッチ条件をコンソールに表示
12:     Console.WriteLine("{0}～{1}",
```

```
13:            startDate.ToString("d"), endDate.ToString("d"));
14:                            // -- ③対象期間をコンソールに表示
15:        // ----
16:        int count = 0;
                       // -- ④マッチ日カウントの変数(count)を用意
17:                   // -- …初期値0に設定
18:        DateTime date = startDate;     // -- ⑤チェック用日付変数(date)を用意
19:                   // -- …初期値をstartDateに設定
20:        while (date <= endDate)        // -- ⑥endDate まで繰り返し
21:        {
22:            if (date.DayOfWeek == dayOfWeek &&
23:                date.Month == month && date.Day == day)
24:                           // -- ⑦dateを指定条件によりチェック
25:            {
26:                       // ---- マッチ!
27:                count++;              // -- ⑧マッチ日カウントのカウントアップ
28:                Console.WriteLine("({0}){1}",
29:                    count.ToString().PadLeft(2), date.ToString("d"));
30:                           // -- ⑨マッチ日をコンソールに表示
31:            }
32:            date = date.AddDays(1);   // -- ⑩dateを1日進める
33:        }
34: }
```

Step2　メインプログラムの作成

次にこのプロシジャ（WriteMatchDays）を利用して、2000～2100年で1月1日が日曜日の日をコンソールに表示するプログラムを作成してみましょう。

リスト9.2のようにメインプログラム（Main）の内容を入力してください。

▼ リスト9.2　メインプログラム（Step2）

```
01: static void Main(string[] args)
02: {
03:     DayOfWeek dayOfWeek = DayOfWeek.Sunday;
04:                        // -- ①曜日の変数(dayOfWeek)を用意
05:        // -- …日曜日に初期化
06:     int month = 1;           // -- ②月の変数(month)を用意
07:        // -- …1月に初期化
08:     int day = 1;             // -- ③日の変数(day)を用意
09:        // -- …1日に初期化
10:     DateTime startDate = new DateTime(2000, 1, 1);
11:        // -- ④開始日の変数(startDate)を用意
12:        // -- …2000年1月1日に初期化
13:     DateTime endDate = startDate.AddYears(100);
14:        // -- ⑤終了日の変数(endDate)を用意
15:        // -- …2100年1月1日に初期化
16:        // ----
```

```
17:        Program.WriteMatchDays
           (dayOfWeek, month, day, startDate, endDate);
18:                                    ──── // -- ⑥WriteMatchDaysの呼び出し
19:        ──── // ----
20:        Console.ReadLine();          ──── // -- ⑦行入力待ちとする
21: }
```

● Step3　　プログラムの実行

それでは、作成したプログラムを実行してみましょう。図9.2のような実行結果になります。

```
Sundayの1月1日
2000/01/01～2100/01/01
( 1)2006/01/01
( 2)2012/01/01
( 3)2017/01/01
( 4)2023/01/01
( 5)2034/01/01
( 6)2040/01/01
( 7)2045/01/01
( 8)2051/01/01
( 9)2062/01/01
(10)2068/01/01
(11)2073/01/01
(12)2079/01/01
(13)2090/01/01
```

● 図9.2　実行結果

要点整理

- 演算子は基本的にはそれぞれのデータ型に付属する演算（機能）である。
- 算術演算子は整数型データと実数型データの数値演算をサポートする。
- 連結演算子は文字列型のデータの連結をサポートする。
- ビット演算子は整数型のデータのビットごとの論理演算とシフト演算をサポートする。
- 論理演算子は論理型のデータの論理演算をサポートする。
- 比較演算子は2つのデータの大小の比較をサポートし、その結果は論理値である。

CHAPTER 9 演算子を理解しよう（1）

練習問題

問題1 次の□を埋めてください。

大小比較の比較演算子は ① 、 ② 、 ③ では使用できません。 ① の値にはその大きさがないため、大小比較の比較演算子はありません。また、 ② 、 ③ のような参照型も参照を対象に考えると、その大きさがないため大小比較の比較演算子はありません。

問題2 次の文を別の算術演算子を使って記述してください。
　　　value0 = value0 + 1;

問題3 文字列、「text1」と「text2」と「text3」を連結して、「text0」に代入してください。

問題4 次の式をビット演算子で記述してください。
　　　value1 / 2;

問題5 次の式を演算子「|」を使って記述してください。
　　　!value1 & !value 2

問題6 次の式を別の比較演算子を使って記述してください。
　　　value1 < value 2

CHAPTER

10

演算子を理解しよう（2）

前章では、演算子の基本的な特性や基本的な演算子（算術演算子、連結演算子、ビット演算子、論理演算子、比較演算子）について、その使い方などもみてきました。ここでは更に、「代入演算子」、「インデクサ演算子」、「型情報演算子」、「オブジェクト演算子」などの演算子についても理解していきましょう。

10-1	代入演算子を理解しよう	P.162
10-2	その他の演算子を理解しよう	P.164
10-3	演算子の優先順位と連結規則	P.168
10-4	プログラムを作ってみよう	P.170

CHAPTER 10　演算子を理解しよう (2)

10-1 代入演算子を理解しよう

ここでは「代入演算子」にスポットを当てて演算子の理解を進めていきましょう。代入演算子にはこれまでみてきた基本演算子と組み合わせた演算子も用意されています。

10-1-1　代入演算子を知ろう

　代入演算子はデータ値の変数への代入をサポートします。このため、代入演算子はすべて二項演算子になります。基本の代入演算子は「=」になります（表10.1）。
　代入演算子の目的は左辺に右辺の評価値を設定することですが、代入演算子の演算値も存在します。
　たとえば次の式は変数「variable」に「value1」の値を代入し、その値と「value2」を比較しています。

```
(variable = value1) == value2
```

　また、次の式は「value」の値を変数「variable 2」、「variable 1」、「variable 0」に順次代入しています。

```
variable 0 = variable 1 = variable 2 = value;
```

● 表10.1　代入演算子

代入演算子	説明	記述パターン
=	右辺の値を左辺に代入し、その値を求めます。	variable = value

10-1-2　ショートカット演算子って何？

　プログラムでは変数データを演算し、その結果を同じ変数に代入したいケースは少なくありません。たとえば、数値変数の数値データを増減させたい場合や、文字列変数の文字列データに更に文字列を連結させたい場合などがあります。
　このようなケースでの利用を想定して、代入演算子には、算術演算、連結演算、ビット演算、論理演算と「=」を組み合わせた「ショートカット演算子」とよばれるものもあります（表10.2～表10.5）。
　ショートカット演算子を使うことでステートメントをシンプルに記述することができるだけでなく、その演算の目的がわかりやすくなります。
　たとえば、次の数値データの代入演算は同じ内容になります。

```
index = index + 5;
index += 5;
```

また、次の文字列データの代入演算も同じ内容になります。

```
message = message + "\n" + message2;
message += ("\n" + message2);
```

● 表10.2　代入演算子（算術演算）

代入演算子	説明	記述パターン
+=	左辺の値と右辺の値を加算、代入し、その値を求めます。	variable += value
-=	左辺の値から右辺の値を減算、代入し、その値を求めます。	variable -= value
*=	左辺の値と右辺の値を乗算、代入し、その値を求めます。	variable *= value
/=	左辺の値を右辺の値で除算、代入し、その値を求めます。	variable /= value
%=	除算のあまりを代入し、その値を求めます。	variable %= value

● 表10.3　代入演算子（連結演算）

代入演算子	説明	記述パターン
+=	左辺の値と右辺の値を連結、代入し、その値を求めます。	variable += text

● 表10.4　代入演算子（ビット演算）

代入演算子	説明	記述パターン
&=	左辺のビット値と右辺のビット値を論理積（AND）、代入し、その値を求めます。	variable &= value
¦=	左辺のビット値と右辺のビット値を論理和（OR）、代入し、その値を求めます。	variable ¦= value
^=	左辺のビット値と右辺のビット値を排他的論理和（XOR）、代入し、その値を求めます。	variable ^= value
<<=	左辺のビット値を右辺の数だけ左シフト、代入し、その値を求めます。	variable <<= value
>>=	左辺のビット値を右辺の数だけ右シフト、代入し、その値を求めます。	variable >>= value

● 表10.5　代入演算子（論理演算）

代入演算子	説明	記述パターン
&=	左辺の値と右辺の値を論理積（AND）、代入し、その値を求めます。	variable &= value
¦=	左辺の値と右辺の値を論理和（OR）、代入し、その値を求めます。	variable ¦= value
^=	左辺の値と右辺の値を排他的論理和（XOR）、代入し、その値を求めます。	variable ^= value

10-2 その他の演算子を理解しよう

基本演算子と代入演算子の他にもいくつか大切な演算子があります。ここでは、インデクサ演算子、型情報演算子、オブジェクト演算子について理解しましょう。

10-2-1 インデクサ演算子を知ろう

インデクサ演算子とは、複数の要素から構成されるデータに対して、それぞれの要素をインデックス値でアクセス可能とさせる演算子です。C#ではデータの後ろに大かっこ（[ ]）のインデクサ演算子でインデックスを指定します。

実は配列の要素へのアクセスもインデクサ演算子を使っています。たとえば次のような配列データの参照ではcountryNamesという配列データのindexで指定される要素を、インデクサ演算子を使って取得しています。

```
string country = countryNames[index];
```

インデクサ演算子は単項演算子で、文字列型とコレクションの要素をインデックス（0～）で参照します（表10.6）。

● 表10.6　インデクサ演算子

インデクサ演算子	説明	記述パターン
[ ]	要素を0からのインデックスで参照します。	values[index]

たとえば文字列データからはインデクサ演算子を使って次のように文字を取り出すことができます。

```
string text = "03-1234-5678";
char cx = text[3];
```

上記の変数「cx」には「1」が代入されます。インデクサ演算子の代わりにメソッドを用意することもできますが、インデクサ演算子を使うことでよりシンプルな記述ができ、データの要素へのアクセスであることも明示することができます。

10-2-2 型情報演算子を知ろう

型情報演算子はデータの型情報に対する演算をサポートします。

型情報演算子には単項演算子（**表10.7**）と二項演算子（**表10.8**）があります。

● **表10.7　型情報演算子（単項演算子）**

型情報演算子	説明	記述パターン
(<データ型>)	指定のデータ型に変換します。	(<データ型>)<式>

● **表10.8　型情報演算子（二項演算子）**

型情報演算子	説明	記述パターン
as	指定の参照型に変換します。	<式> as <参照型>
is	指定の参照型に変換できるか論理値を求めます。	<式> is <参照型>

　これらは主にデータ型の変換をサポートする演算子で、型情報演算子を使った明示的なデータ型の変換は「**キャスト**」といわれます。単項演算子のキャストは「**キャスト演算子**」といわれ、変換したい式の前にデータ型をカッコで囲んで指定します。

　キャストは、文字型、整数型、不動小数点数型、10進数型、および後述される列挙型の範囲内でのみ有効で、論理型などについてはキャストの対象データとしても、キャスト型としても指定することはできません。

　さて、そもそもキャスト（明示的な型変換）はなぜ必要となるのでしょうか？

　二項演算子や代入演算子の双方のデータ型は一致していることが理想的です。しかし、現実的には異なるデータ型による計算や代入などもあります[注1]。

　たとえばshort型からlong型へのデータ変換ではlong型の方がshort型よりデータ範囲が大きいため、short型のデータ値は失われることがありません。そのため、shot型はlong型へ自動的に型変換されます。これは「暗黙の型変換」といわれます。

　一方、long型からshort型へのデータ変換ではlong型のデータ値は失われる可能性があるため、コンパイラはこれをコンパイルエラーとします。このような場面にキャスト（明示的な型変換）を明示することで、そのデータ変換を認識していることをコンパイラに伝え、コンパイルエラーを回避することができます（**図10.1**）。

[注1]　計算においては、よりデータ範囲の大きなデータ型に合わせられ計算されます。

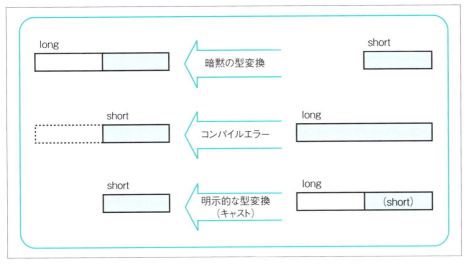

●図10.1　暗黙の型変換と明示的な型変換（キャスト）

10-2-3 ▶ 参照型のキャストって何？

　参照型のキャストについてはオブジェクト型の「継承」といわれる知識が必要となります。継承とはあるオブジェクト型を基本に別のオブジェクト型を定義することです。

　参照型のキャストはキャスト演算子を使う方法の他に「as」という演算子を使う方法があります。たとえば、次のキャスト演算は同じ内容になります。

```
Music music = (Music)japanesMusic;
Music music = japanesMusic as Music;
```

　また、「is」という演算子を使い、そのキャストが可能かどうかチェックすることができます。たとえば、次のステートメントでは「japaneseMusic」が「Music」というクラスにキャストできるかチェックしています。そしてこの結果がtrueであれば、japaneseMusicはMusicというクラスとして扱ってもよいことになります。

```
if(japanesMusic is Music)
```

10-2-4 ▶ オブジェクト演算子を知ろう

　オブジェクト演算子はオブジェクトの生成や操作に対する演算をサポートします。オブジェクト演算子には単項演算子（表10.9）と二項演算子（表10.10）があります。

● 表10.9　オブジェクト演算子（単項演算子）

オブジェクト演算子	説明	記述パターン
new	データ型のインスタンスを生成します。	new <データ型>()

● 表10.10　オブジェクト演算子（二項演算子）

オブジェクト演算子	説明	記述パターン
.	クラスのメンバを参照します。	container.member

値型のデータはその型の変数を用意するだけでインスタンスも用意されます。一方、参照型（オブジェクト型）のデータはその型の変数を用意するだけではnull状態でインスタンスはありません。

このためオブジェクト型のデータは、明示的にインスタンスを生成する必要があります。そして、そのインスタンスを生成する演算子が「new」演算子です。

たとえば、次のステートメントでは「new」演算子を使って「Music」というクラスのインスタンスを生成し、「music」という変数に設定しています（図10.2）。

```
music = new Music("My Foolish Heart", "Bill Evans Trio");
```

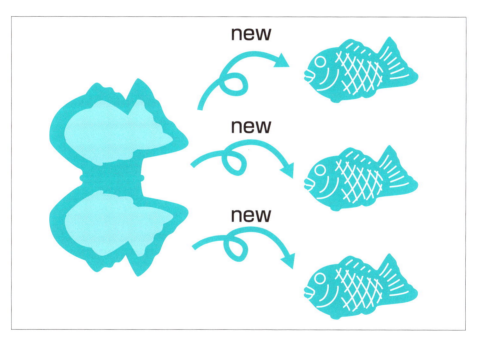

● 図10.2　クラスとインスタンスのイメージ

また、次のステートメントでは「.」演算子を使ってMusicクラスの「Title」というプロパティを参照し、「title」という変数に設定しています。

```
string title = music.Title;
```

なお、「.」も立派な演算子です。

10-3 演算子の優先順位と結合規則

数学の式において乗除算が加減算よりも先に計算されるように、演算子にはその演算の優先度を規定する「優先順位」と「結合規則」というルールがあります。

10-3-1 演算子の優先順位を知ろう

演算子はステートメント（式）の中でその優先順位と結合規則に従って実行されます。たとえば次のステートメントの演算の順序を考えてみましょう。

```
variable = value1 + value2 * value3;
```

上記の演算は次の①、②、③の順に実行されます。

① value2とvalue3を乗算（「*」演算）して、その結果を一時保存します。（ここではtemp1とします。）
② value1とtemp1を加算（「+」演算）して、その結果を一時保存します。（ここではtemp2とします。）
③ temp2をvariableに代入（「=」演算）します。

ちなみに、優先順位に対応した演算を実現するためには、上記のtemp1、temp2のような一時保存を必要とします。

さて、演算子の優先順位は先の表10.11のとおりで、上にある演算子がより優先順位が高く、横の並びについては同じ優先順位となります。

また、一般に演算の順序を制御するには、数学の式と同様にカッコを利用します。たとえば上記の式はカッコを使って次のように計算順序を明示的に記述することができます。

```
variable = value1 + (value2 * value3);
```

逆に次のようにvalue1とvalue2を先に加算するよう計算順序を変える（制御する）こともできます。

```
variable = (value1 + value2) * value3;
```

● 表10.11 演算子の優先順位

優先順位	演算子					
基本式	. new	(<カッコ>)	[<インデクサ>]			
単項式	+ ++	- --	! (<キャスト>)	~		
乗法式	*	/	%			
加法式	+	-				
シフト式	<<	>>				
比較式／型検査	< is	> as	<=	>=		
等値式	==	!=				
論理積（AND）	&					
排他的論理和（XOR）	^					
論理和（OR）	|					
条件論理積（AND）	&&					
条件論理和（OR）	||					
代入式	= &=	+= ^=	-= |=	*= <<=	/= >>=	%=

10-3-2 ▶ 演算子の結合規則を知ろう

演算子の結合規則とは、同じ優先順位の演算子における評価順の規則です。基本的に、演算子は左から右に評価されます。

たとえば、次の加算演算は同じ内容になります。

```
variable0 = value1 + value2 + value3;
variable0 = ((value1 + value2) + value3);
```

代入演算子についてのみ、右から左に評価されます。たとえば、次の代入演算は同じ内容になります。

```
variable0 = variable 1 = variable 2 = value;
variable0 = (variable 1 = (variable 2 = value));
```

10-4 プログラムを作ってみよう

ここでは基本演算子に続き、代入演算子、インデクサ演算子、型情報演算子、オブジェクト演算子についてみてきました。これまでと同様、これらの演算子を使ったプログラムを実際に作成して、その使い方や感触をつかんでおきましょう。

10-4-1 ここで作成するプログラム

それでは、算術演算子、連結演算子、代入演算子、型情報演算子を使ったプログラムを作ってみましょう。

ここで作りたいプログラムは次のようなものです。

「sin曲線を0°〜360°まで15°単位でコンソールに表示するプログラム」

● **Step1　プロシジャの作成**

最初に、指定された実数値を、ハイフン(-)を連結したバー文字列に変換するプロシジャを作成してみましょう。

リスト10.1のプロシジャ(GetBarLine)をメインプログラム(Main)の下に追加入力してください。

③ではdouble型の計算値をint型にキャストしてint型のbarLengthに代入しています。また⑦ではバー文字列に"-"を、⑨ではバー文字列にマーク文字列(mark)を連結しています。

▼リスト10.1　GetBarLineプロシジャ(Step1)

```
01:　──── // ──── ①プロシジャ(GetBarLine)を定義
02: static string GetBarLine(
03:     double minValue,　──── // -- バー文字列の最小値
04:     double maxValue,　──── // -- バー文字列の最大値
05:     int maxBarLength,──── // -- 最大値のバー文字列の長さ
06:     double value,　　 ──── // -- バー文字列の実数値
07:     char mark)　　　　──── // -- バー文字列のマーク文字列
08: {
09:     double rate = (value - minValue) / (maxValue - minValue);
10:                              ──── // -- ②全スケールの値に対する
11: ──── // --　バーの値(value)の割合を計算
12:     int barLength = (int)(maxBarLength * rate);
```

```
13:                              ――― // -- ③バーの長さ(barLength)を計算
14: ――― // ----
15:     string barLine = string.Empty;
        ――― // -- ④結果のバー文字列の変数(barLine)を用意
16:     ――― // -- …初期値を空文字列に設定
17:     int index = 0;
        ――― // -- ⑤バー文字列の長さの変数(index)を用意
18:     ――― // -- …初期値を0に設定
19:     ――― // ---- ⑥indexがbarLengthより小さい場合のみwhile文の中へ
20:     while (index < barLength)
21:     {
22:         barLine += "-";  ――― // -- ⑦barLineに"-"を連結
23:         index++;         ――― // -- ⑧indexに1を加える
24:     }
25:     barLine += mark;
        ――― // -- ⑨barLineの最後にマーク(mark)を連結
26:     return barLine;  ――― // -- ⑩barLineの値を返却する
27: }
```

● Step2　メインプログラムの作成

次にこのプロシジャ(GetBarLine)を利用して、sin曲線を0°～360°まで15°単位でコンソールに表示するプログラムを作成してみましょう。

リスト10.2のようにメインプログラム(Main)の内容を入力してください。

⑦ではラジアン値からsinの値を求めています。ここで利用しているのは、.NET Frameworkクラスライブラリの「Math」というクラスのSinメソッドです。MathクラスにはSinだけでなく多くの数値関数がサポートされています（102ページ 表6.9参照）。

⑩ではsinの結果をコンソールに表示しています。たとえばangleが45°の場合は次のように表示されます。

```
sin( 45°) -----------------------------------------+ (0.707)
```

▼リスト10.2　メインプログラム（Step2）

```
01: static void Main(string[] args)
02: {
03:     double _2piRad = Math.PI * 2;  ――― // -- ①360度のラジアン値を計算
04:     int division = 24;              ――― // -- ②24分割(360÷15°)
05:     double divisionRad = _2piRad / division;
        ――― // -- ③1分割のラジアン値を計算
06:     ――― // ----
07:     double rad = 0;                 ――― // -- ④ラジアン値の変数(rad)を用意
08:     ――― // -- …初期値を0に設定
09:     int index = 0;
        ――― // -- ⑤分割のインデックスの変数(index)を用意
```

```
10:        while (index <= division)
                        // -- ⑥indexがdivision以下の場合のみwhile文の中へ
11:        {
12:            double sin = Math.Sin(rad);        // -- ⑦sinの計算
13:            string barLine = Program.GetBarLine(-1.0d, 1.0d, 50,
               sin, '+');
14:                                                // -- ⑧GetBarLineの呼び出し
15:            // ----
16:            double angle = index * 360 / division;
                        // -- ⑨角度(angle)の計算
17:            Console.WriteLine("sin({0}°) {1} ({2})",
18:            angle.ToString().PadLeft(3), barLine, sin.ToString("n3"));
19:                                                // -- ⑩結果をコンソールに表示
20:            // ----
21:            rad += divisionRad;                 // -- ⑪radにdivisionRadを加える
22:            index++;                            // -- ⑫indexに1を加える
23:        }
24:        Console.ReadLine();                     // -- ⑬行入力待ちとする
25: }
```

● Step3　プログラムの実行

それでは、作成したプログラムを実行してみましょう。図10.3のような実行結果になります。

```
sin(  0°) ------------------------+ (0.000)
sin( 15°) -------------------------+ (0.259)
sin( 30°) ---------------------------+ (0.500)
sin( 45°) -----------------------------+ (0.707)
sin( 60°) ------------------------------+ (0.866)
sin( 75°) -------------------------------+ (0.966)
sin( 90°) -------------------------------+ (1.000)
sin(105°) -------------------------------+ (0.966)
sin(120°) ------------------------------+ (0.866)
sin(135°) -----------------------------+ (0.707)
sin(150°) ---------------------------+ (0.500)
sin(165°) -------------------------+ (0.259)
sin(180°) ------------------------+ (0.000)
sin(195°) -----------------+ (-0.259)
sin(210°) ------------+ (-0.500)
sin(225°) -------+ (-0.707)
sin(240°) ---+ (-0.866)
sin(255°) + (-0.966)
sin(270°) + (-1.000)
sin(285°) + (-0.966)
sin(300°) ---+ (-0.866)
sin(315°) -------+ (-0.707)
sin(330°) ------------+ (-0.500)
sin(345°) -----------------+ (-0.259)
sin(360°) ----------------------+ (0.000)
```

● 図10.3　実行結果

要点整理

- 代入演算子は変数への代入をサポートする。
- インデクサ演算子は文字列型と配列の要素をインデックス（0〜）で参照する。
- キャスト演算子は明示的な型変換（キャスト）をサポートする。
- オブジェクト演算子はオブジェクトの生成や操作に対する演算をサポートする。

CHAPTER 10 演算子を理解しよう（2）

練習問題

問題1 変数「variable」に1を加え、10より大きくなるか比較する式を記述してください。

問題2 ulong型のulongNumとfloat型のfloatNumをulong型にキャストしたものを加算し、その結果を更にuint型にキャストする式を記述してください。

問題3 次の演算子を優先度の高い順に並べてください。
「+」、「*」、「&」、「!」、「<」

問題4 次のプログラムの [　　] をを埋めてください。

このプロシジャはパラメータ（minValue、maxValue）で指定された範囲の実数値（value）を、最小0、最大100のハイフン（-）の連結文字列に変換し返却するものです。

```
static string GetBarLine(
    double minValue,    // -- バー文字列の最小値
    double maxValue,    // -- バー文字列の最小値
    double value)       // -- バー文字列の最小値
{
    double rate = (value - minValue)  ①   (maxValue - minValue);
    int barLength =   ②   (100 * rate);
    ———— // ----
    string barLine = string.Empty;
    int index = 0;
    while (index < barLength)
    {
        barLine   ③   "-";
        index++;
    }
    return barLine;
}
```

CHAPTER 11

名前空間と型を理解しよう

これまでのサンプルプログラム（コンソール アプリケーション）のメインプログラム（Main）は、実は「class」というクラスのブロックの中にあります。また、classブロックは更に「namespace」というブロックの中にあります。
このnamespaceブロックが「名前空間」とよばれるもので、プログラムで使用する名前を整理する仕掛けとして機能します。

11-1　名前空間を理解しよう　　　　　　　　　　　　　　P.176
11-2　型とメンバを理解しよう　　　　　　　　　　　　　P.180
11-3　インスタンスメンバと静的メンバを理解しよう　　　P.185

11-1 名前空間を理解しよう

名前空間？ ハテと思われた方も少なくないと思います。名前の空間？ ますますわかりませんね。でもとても身近な考え方なので、あまり難しく考えずに理解を進めていきましょう。

11-1-1 名前空間って何？

「名前空間」はプログラムから参照する名前を特定するための仕掛けです。

たとえば、日本中に郵便局はたくさんありますが、その前に都道府県名と市町村名があれば、対象の郵便局を特定することができます。

プログラムにおいて、この都道府県名と市町村名に当る役割を持つのが名前空間で、それぞれの郵便局に当たるのが、後述する「型」といわれるものになります（図11.1）。

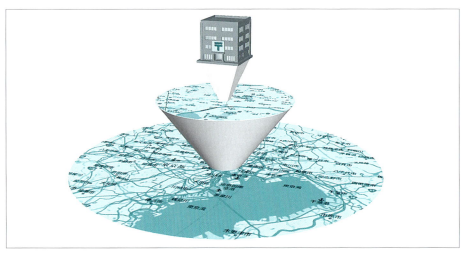

● 図11.1 名前空間のイメージ

11-1-2 名前空間と型を知ろう

これまでのサンプルプログラム（コンソール アプリケーション）を見直してみましょう（リスト11.1）。

メインプログラム（Main）は、classで定義された型（クラス）の中にあり、classは更にnamespaceで定義された名前空間の中にあります。

名前空間と型が、それぞれ名前を持ち構造的に配置されることで、複雑なシステムに

おけるプログラムの管理も容易なものとなります。

▼ リスト11.1　メインプログラム（Main）とクラスと名前空間

```
01: namespace Example_Statement
02: {
03:     class Program
04:     {
05:         static void Main(string[] args)
06:         {
07: 
08:         }
09:     }
10: }
```

さて、MusicPlayerというクラスをAudioProjectXという名前空間に配置してみましょう（**リスト11.2**）。そして、このMusicPlayerクラスの参照を考えてみましょう。

▼ リスト11.2　名前空間の定義

```
01: 1: namespace Audio.ProjectX
02: 2: {
03: 3:     class MusicPlayer
04: 4:     {
05: 5: 
06: 6:     }
07: 7: }
```

まず、MusicPlayerクラスは同じ名前空間からは、次のようにそのクラス名だけで参照することができます。

```
MusicPlayer musicPlayer = new MusicPlayer();
```

しかし、別の名前空間からはクラス名の前にその名前空間名Audio.ProjectXを置いて、次のようにクラスを特定する必要があります。

```
MusicPlayer musicPlayer = new Audio.ProjectX.MusicPlayer();
```

このように型の参照を名前空間も含めて明示的に指定した名前は、「完全限定名」といわれます。同じ名前空間から参照する場合も完全限定名により名前空間を明示的に指定することもできます。

COLUMN

名前空間とプログラムファイル

　名前空間は複数のプログラムファイルに分かれていても問題ありません。たとえば、図Aの「クラス-A」、「クラス-B」、「クラス-C」は、別のプログラムファイルにありますが、すべて同じ「名前空間-X」に存在します。

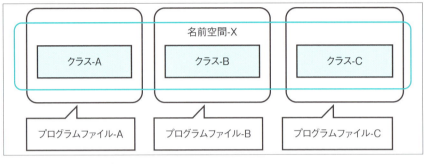

● 図A　名前空間とプログラムファイル

11-1-3 　usingディレクティブって何？

　別の名前空間にある型は完全限定名により参照することができますが、完全限定名による参照は冗長でプログラムを読みにくいものにします。そこで、簡易な参照を可能とするために「usingディレクティブ」が用意されています。

　usingディレクティブは、ファイルの先頭に次のように記述します。

● 構文
```
using <名前空間名>;
```

　具体的には、次のような記述になります。

```
using Audio.ProjectX;
```

　usingディレクティブで指定された名前空間の型は、その型名だけで参照可能となります。たとえば、Audio.ProjectX名前空間のMusicPlayerは、MusicPlayerだけでも参照できるようになります。

11-1-4 　名前空間の別名をつける意味は？

　usingディレクティブは、次のように名前空間に簡易な別名をつけることもできます。

● 構文

```
using <別名>=<名前空間名>;
```

具体的には、次のような記述になります。

```
using APX = Audio.ProjectX;
```

これにより、名前空間を簡易的な名前で使用することがきるようになり、Audio.ProjectX 名前空間の MusicPlayer クラスは、「APX.MusicPlayer」で参照できるようになります。

これは、それぞれの名前空間にある同名のクラスを扱う場合などに便利です。

たとえば、Audio.ProjectX の MusicPlayer クラスの他に、AudioProjectY にも同名の MusicPlayer クラスがある場合は完全限定名による参照が必要となりますが、次のように using ディレクティブで別名を定義することで、それぞれの MusicPlayer クラスを「APX.MusicPlayer」、「APY.MusicPlayer」と、シンプルに参照することができるようになります。

```
using APX = Audio.ProjectX;
using APY = Audio.ProjectY;
```

11-2 型とメンバを理解しよう

C#のプログラムは「型」という骨組みと、「メンバ」という要素で構成されます。ここではプログラムの骨組みとなる「型」と、その要素となる「メンバ」の関係について理解しましょう。

11-2-1 型って何？

「型」はプログラムの単位です。そして型には、「クラス」、「構造体」、「インターフェース」、「列挙型」、「デリゲート」といわれるものがあります（図11.2、表11.1）。

それぞれの詳細は気にせず、ひとまず、型にはクラスを含めていくつかの種類があることだけ知っておきましょう。

●図11.2　名前空間と型

●表11.1　C#の型

型	キーワード	説明
クラス	class	ユーザにより定義される参照型のデータ型です。
構造体	struct	ユーザにより定義される値型のデータ型です。
インターフェース	interface	メソッドやプロパティの仕様セットのデータ型です。
列挙型	enum	セットにできる名前付き定数リストのデータ型です。
デリゲート	delegate	メソッドへの参照を持つデータ型です。

11-2-2 メンバって何？

「メンバ」は型を構成する要素です。つまり、プログラムは型が骨組みとなり、メンバがその中身となり構成されます（図11.3）。たとえば、メインプログラム（Main）はクラス（Program）のメンバとして配置されています。

● 図11.3　名前空間と型とメンバ

メンバはデータとなる「データメンバ」（表11.2）、実行可能なステートメントを含む「関数メンバ」（表11.3）、そして更に入れ子となる「型メンバ」に分類することができます。

データメンバの代表として「フィールド」（属性値や状態値の変数）があり、関数メンバの代表として「メソッド」があります。

ここで、それぞれのメンバがどんなものかだけ知っておきましょう。

● 表11.2　データメンバ

データメンバ	説明
フィールド	属性値や状態値の変数です。
定数	読み取り専用のフィールドです。
イベント	通知をサポートするフィールドです。

● 表11.3　関数メンバ

関数メンバ	説明
コンストラクタ	インスタンスが生成される時にC#の処理系から呼び出される特別なメソッドです。
デストラクタ	インスタンスが消滅する時にC#の処理系から呼び出される特別なメソッドです。
メソッド	パラメータと返却値を持つC#の基本的なプロシジャです。
プロパティ	フィールドの設定と参照をサポートするメソッドです。
演算子	演算子（記号）による参照をサポートするメソッドです。
インデクサ	インスタンスが複数の要素を持つケースで、インデックスによる参照をサポートするメソッドです。

● フィールド

フィールドは、その型の属性値や状態値を保持する変数です。

たとえば、「MusicAlbum」というクラスを想定した場合、そのタイトル（m_title）とアーチスト（m_artist）のフィールドの定義は次のようなものになります。

```
string m_title;      // -- タイトル
string m_artist;     // -- アーチスト
```

また、このMusicAlbumクラスに「Music」というクラスのコレクションをフィールドとして持たせる場合、その定義は次のようなものになります。

```
Music[] m_musics;        // -- ミュージックリスト
```

●定数

「定数」は、読み取り専用のフィールドです。

フィールドと定数は、プロシジャの中で宣言されるローカル変数とローカル定数が型に対応したものと考えられます。

●イベント

「イベント」は、メソッドへの参照を持つ特殊なフィールドです。このため、イベントにはメソッドの参照を設定することができます。たとえばマウスがクリックされたときに動作させたいメソッドをその対応イベントに設定しておき、マウスがクリックされたときにそのメソッドが呼び出されるなどに利用されます。

●コンストラクタ

「コンストラクタ」は、型のインスタンスが生成される時にC#の処理系から呼び出される特別なメソッドです。また、コンストラクタの名前は型と同じ名前とする規則があり、返却値を持ちません。

コンストラクタは、生成されたインスタンスの初期化処理などに利用されます。

●デストラクタ

「デストラクタ」は、コンストラクタと対をなすメソッドで、インスタンスが消滅する時にC#の処理系から呼び出される特別なメソッドです。また、デストラクタの名前は型の名前にチルダ（~）を付けた名前とする規則があり、コンストラクタと同様、返却値を持ちません。

デストラクタは、そのインスタンスで利用していたコンピュータリソースの解放などに利用されます。

●メソッド

「メソッド」はパラメータと返却値を持つC#の基本的なプロシジャです。これまでのサンプルプログラムにもたくさん登場しています。

●プロパティ

「プロパティ」は、フィールドと同様、その型の属性値や状態値の設定と参照をサポートします。

フィールドへのアクセスが直接的なのに対し、プロパティではその設定と参照において処理を介することができます。設定値として望ましくない値は設定しないなどの対処が可能です。このため、変数の実体としフィールドを用意し、外部からのアクセスには

プロパティを提供するのが一般的です。

たとえば、MusicAlbumクラスのミュージックリストフィールド（m_musics）に対応するプロパティの定義は次のようなものになります。

```
public Music[] Musics
{
        get { return m_musics; }
        set { m_musics = value; }
}
```

● 演算子

「演算子」は、その型のメソッドを演算子（記号）として提供するものです。

演算子の利用は簡易で見やすいため、プログラミングの開発効率や保守性を高めることができます。

● インデクサ

「インデクサ」は、その型の代表的なコレクション要素をそのインスタンスとインデックスで参照させるメソッドです。

たとえば、MusicAlbumクラスのMusicコレクションの要素（Music）をインデクサにより次のように参照させることができます。

```
<MusicAlbumオブジェクト>[<インデックス>]
```

また、そのインデクサの定義は次のようなものになります。

```
public Music this[int index]
{
        get { return m_musics[index]; }
        set { m_musics[index] = value; }
}
```

11-2-3 アクセシビリティって何？

型とメンバは外部からの参照（アクセス）を制御することができます。これは、「アクセシビリティ」といわれます。

● アクセス修飾子

アクセシビリティのアクセス可能な範囲は「**アクセシビリティドメイン**」といわれ、アクセシビリティドメインは「アクセス修飾子」という修飾子を使って定義することができます。また、アクセシビリティドメインは「**アクセシビリティレベル**」ともいわれます。

CHAPTER 11　名前空間と型を理解しよう

型のアクセス修飾子には2つのタイプがあり (表11.4)、メンバのアクセス修飾子には4つのタイプがあります (表11.5)。

● 表11.4　型のアクセス修飾子

アクセス修飾子	アクセシビリティレベル
internal	アクセスは定義されているアセンブリに制限されます (既定値です)。
public	アクセスの制限はありません。

● 表11.5　メンバのアクセス修飾子

アクセス修飾子	アクセシビリティレベル
private	アクセスは定義されているクラスに制限されます (既定値です)。
internal	アクセスは定義されているアセンブリに制限されます。
protected	アクセスは定義されているクラス、および派生クラスに制限されます (internalまたはpraivateと組み合わせることもできます)
public	アクセスの制限はありません。

たとえば、メンバのアクセシビリティレベルの既定値はprivateで、その型の外からの参照を抑制されますが、publicとすることでその型の外からも参照できるようになります。

protectedについてはクラスの「**継承**」といわれる知識が必要となります。継承とはあるクラスを基本に別のクラスを定義することです。たとえばMusicPlayer (音楽プレイヤー) というクラスを継承して、RecordPlayer (レコードプレイヤー)、CassettePlayer (カセットプレイヤー)、CDPlayer (CDプレイヤー) などのクラスを定義することができます。このような継承を構成することで、音楽プレイヤー共通のプロパティやメソッドをMusicPlayerクラスに整理することができます。

また、継承されたクラスは「**派生クラス**」とよばれます。protectedは、そのアクセスを派生クラスに制限するものです。

11-3 インスタンスメンバと静的メンバを理解しよう

フィールドに代表されるデータメンバや、メソッドに代表される関数メンバなどの分類はその役割でメンバを分類するものですが、「インスタンスメンバ」と「静的メンバ」といわれるもう1つ別の視点からもメンバは分類されます。

11-3-1　インスタンスメンバと静的メンバって何？

ここで、レースカーのクラスを考えてみましょう（リスト11.3）。

レースカーは属性として、ナンバー、排気量、…などがあり、状態として、残燃料などがあります。そして、これらの属性や状態はプロパティとして定義することができます。また操作としては、アクセル、ブレーキ、ハンドル、…などが考えられ、これらの操作はメソッドとして定義することができます（図11.4）。

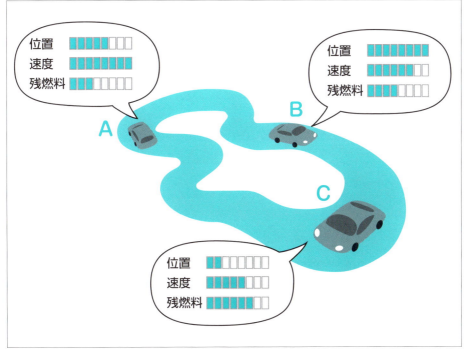

●図11.4　インスタンスメンバのイメージ

CHAPTER 11　名前空間と型を理解しよう

▼リスト11.3　RaceCarクラス

```
01: class RaceCar
02: {
03:         ―――― // ―――― 制限排気量(CC)
04:     private static int s_limitationEngineDisplacement = 0;
05:     public static int LimitationEngineDisplacement
06:     {
07:         get { return s_limitationEngineDisplacement; }
08:         set { s_limitationEngineDisplacement = value; }
09:     }
10:         ―――― // ―――― コンストラクタ
11:     public RaceCar(string carNumber, int engineDisplacement)
12:     {
13:         m_carNumber = carNumber;
14:         m_engineDisplacement = engineDisplacement;
15:     }
16:         ―――― // ―――― ナンバー
17:     private string m_carNumber = null;
18:     public string CarNumber { get { return m_carNumber; } }
19:         ―――― // ―――― 排気量(CC)
20:     private int m_engineDisplacement = 0;
21:     public int EngineDisplacement
        { get { return m_engineDisplacement; } }
22:         ―――― // ―――― 残燃料(CC)
23:     private int m_remainderFuel = 0;
24:     public int RemainderFuel
25:     {
26:         get { return m_remainderFuel; }
27:         set { m_remainderFuel = value; }
28:     }
29:         ―――― // ―――― アクセル
30:     public void ChangeAccelerator(int level) { }
31:     public void ChangeAccelerator(int level, int shift) { }
32:         ―――― // …
33: }
```

● **インスタンスメンバ**

　これらのプロパティの値はレースカーのそれぞれのインスタンスごとに存在し、メソッドはそれぞれのインスタンスに対して作用します。

　たとえば、アクセルを踏み込むメソッドにより、対象のレースカー（インスタンス）の残燃料が減り、位置が移動し、速度が上昇します。

　このようにインスタンスごとに存在するデータメンバや、そのデータメンバにアクセスする関数メンバは「インスタンスメンバ」といわれます。

　RaceCarクラスでは、ナンバー（m_carNumberフィールド、CarNumberプロパティ）、排気量（m_engineDisplacementフィールド、EngineDisplacementプロパティ）、残燃料（m_remainderFuelフィールド、RemainderFuelプロパティ）、および、2つの

ChangeAccelaratorメソッドがインスタンスメンバで、データメンバはインスタンスごとに存在します。そして、ChangeAccelaratorメソッドでは、対象となるインスタンスの残燃料（m_remainderFuelフィールド、RemainderFuelプロパティ）などが変更されます。

● 静的メンバ

一方、インスタンスメンバに対して「静的メンバ」といわれるメンバがあります。インスタンスメンバがそのインスタンスに対して存在するのに対し、静的メンバはその型に対して存在します。

たとえば、レースカーの制限排気量などはそれぞれのインスタンスごとに必要なものではなく、むしろインスタンスで共有する必要があります。このようなデータメンバはレースカーという型の静的メンバとして考えられます。また、インスタンスメンバへアクセスすることのない関数メンバはインスタンスの情報を必要としない静的な関数メンバとして考えられます。

RaceCarクラスでは、制限排気量（s_limitationEngineDisplacementフィールド、LimitationEngineDisplacementプロパティ）が静的なデータメンバで、インスタンスごとには存在せず、RaceCarクラスに対して存在します（図11.5）。

実はプログラムの開始点となるメインプログラム（Main）は静的メソッドです。また、これまでのサンプルプログラムで利用しているConsole.WriteメソッドやConsole.Readメソッドなども典型的な静的メソッドです。これらの静的メソッドではインスタンスやその属性値や状態値を必要としないことがわかります。

さて、静的メンバの定義の方法ですが、「static」という修飾子を次のように付加するだけです。

```
static int LimitationEngineDisplacement = 3000;
```

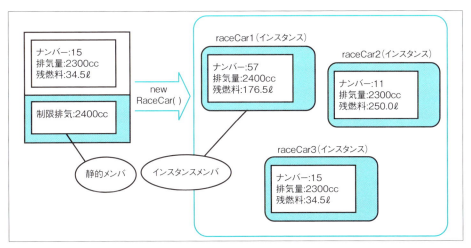

● 図11.5　インスタンスメンバと静的メンバ

11-3-2 メンバの参照とは?

メンバの参照はそのクラスの中であれば、そのメンバ名だけで参照することができます。これは、「簡易名」、あるいは「シンプル名」による参照といわれます。

一方、他のクラスのメンバを参照する場合は、インスタンスメンバの参照にはそのオブジェクトの指定が必要となり、静的メンバの参照にはそのクラスの指定が必要となります。それぞれ次のような書式になります。

● 構文
```
<オブジェクト名>.<インスタンスメンバ名>
<クラス名>.<静的メンバ名>
```

たとえば、レースカーのインスタンスメンバと、静的メンバの参照はそれぞれ次のようなものになります。

```
raceCar.Speed
RaceCar.LimitationEngineDisplacement
```

さて、自分のインスタンスメンバを参照する場合には、メンバ名だけの簡易名で参照する方法と、自分のオブジェクトを「this」というキーワードを使い次のような書式で記述することもできます。

● 構文
```
this.<インスタンスメンバ名>
```

これは「thisアクセス」といわれ、自分を明示することによりプログラムを読みやすくする効果があります。

11-3-3 関数メンバのオーバーロード

関数メンバはそのパラメータの数、あるいはパラメータのデータ型が別のパターンであれば、同じ名前で定義することも可能です。

たとえば、レースカーのアクセルの変更メソッドを、次のように同じ名前で複数定義することもできます。

```
int ChangeAccelerator(int level);
int ChangeAccelerator(int level, int shift);
```

アクセルのレベルだけ変更するメソッドと、アクセルのレベルとシフトを一緒に変更できるメソッドを同じ名前で定義しています。

このように、そのパラメータのパターンに対応する呼び出し先が選択される仕掛けは「オーバーロード」といわれます。

オーバーロードは、パラメータを持つ関数メンバ（インスタンスコンストラクタ、メソッド、演算子、インデクサ、イベント）において有効です。

> **要点整理**
> - 完全限定名は型を名前空間も含めて明示的に指定した名前である。
> - usingディレクティブは完全限定名よりも簡易な参照を可能とする。
> - 型にはクラスを含めていくつかの種類がある。
> - メンバはデータメンバ、関数メンバ、型メンバに分類できる。
> - アクセス修飾子はアクセシビリティドメインを定義するための修飾子である。
> - インスタンスメンバはインスタンスに対し存在するメンバである。
> - 静的メンバは型に対し存在するメンバである。

CHAPTER 11　名前空間と型を理解しよう

練習問題

問題1　次の[　　　]を埋めてください。

　　[　①　]はクラスなど型の名前のバッティングを回避するために必要となります。
　　たとえばアプリケーション（ソリューション）が複数のプロジェクトから構成される場合など、それぞれのプロジェクトで同じ名前の型が存在することもあります。このような場合でも型がそれぞれの[　①　]に配置されていれば、型を[　①　]で修飾することで型の干渉を避けることができます。

問題2　次のうち間違いはどれでしょうか（2つあります）。

① データメンバはその型のデータとなる。
② 関数メンバはその型の実行可能なステートメントを含む。
③ フィールドは属性値や状態値の変数である。
④ プロパティはパラメータと返却値を持つC#の基本的なプロシジャである。
⑤ メソッドはフィールドの設定と参照をサポートするプロパティである。

問題3　次の[　　　]を埋めてください。

　　[　①　]はクラスとメンバの外部からのアクセスを制限するもので、アクセス可能な範囲（アクセシビリティドメイン）を指定することで不要なアクセスを抑制し、クラスの品質や保守性を高めることができます。

問題4　次の[　　　]を埋めてください。

　　[　①　]メンバはその型のインスタンスに対して存在しますが、[　②　]メンバはその型に対して存在します。
　　たとえば、[　②　]なデータメンバ（フィールドなど）はそれぞれのインスタンスで共有するデータとして利用されます。
　　また、[　②　]な関数メンバ（メソッドなど）は属性値や状態値を必要としない関数メンバで利用されます。

CHAPTER

12

Windowsフォームアプリケーションを作ってみよう

C#の超入門も終盤となりましたので、ここで、Windowsフォームアプリケーションも作ってみたいと思います。特にこれまでのサンプルプログラムをWindowsフォームアプリケーションに置き換えることで、C#言語とWindowsフォームアプリケーション、それぞれのプログラミングを明確に区別することもできると思います。

12-1	Windowsフォームアプリケーションのプロジェクト	P.192
12-2	Windowsフォームアプリケーションを作ってみよう (1)	P.197
12-3	Windowsフォームアプリケーションを作ってみよう (2)	P.202
12-4	Windowsフォームアプリケーションを作ってみよう (3)	P.206

CHAPTER 12　Windowsフォームアプリケーションを作ってみよう

12-1 Windowsフォームアプリケーションのプロジェクト

まずはWindowsフォームアプリケーションのプロジェクトについて基本的な事項について理解しておきましょう。

12-1-1 新規プロジェクトの作成

新規のWindowsフォームアプリケーションのプロジェクトの作成には、コンソールアプリケーション同様、Visual Studioを利用します。

● Step1　「新しいプロジェクト」ダイアログの表示

新規のプロジェクトを作成するには、メニューから「ファイル」→「新規作成」→「プロジェクト」を選択し、「新しいプロジェクト」ダイアログを表示します（図12.1）。

● 図12.1　新しいプロジェクト

● Step2　プロジェクト情報の設定

ここで、「インストール済み」から「Visual C#」を選択し、「テンプレート」の一覧からは「Windowsフォーム アプリケーション」を選択します。プロジェクト名などは任意ですが、今回はプロジェクト名に「Example_WindowsForm」を指定します。

● Step3　プロジェクトのひな型の作成

Step2でプロジェクトの情報を設定した後、「OK」とすると図12.2のようなプログラムのひな型ができあがります。Windowsフォームアプリケーションのテンプレートを

使ってプロジェクトを作成するとコンソールアプリケーションと同様、「Program」というクラスファイル（**リスト12.1**）が作られ、更に、「Form1」というWindowsフォームとそれに対応するクラスファイル（**リスト12.2**）が作られます。

また、作成場所として指定したディレクトリには、**図12.3**のようなサブディレクトリとファイルができあがります。

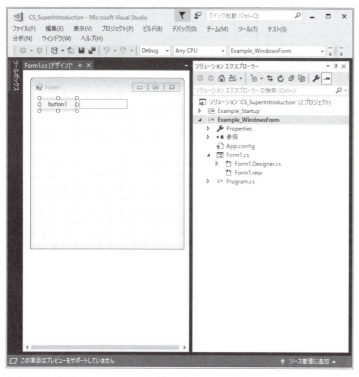

● 図12.2　Windowsフォーム アプリケーションのひな型

▼ リスト12.1　Windowsフォーム アプリケーションのひな型（Program）

```
01: namespace Example_WindowsForm
02: {
03:     static class Program
04:     {
05:         /// <summary>
06:         /// アプリケーションのメイン エントリ ポイントです。
07:         /// </summary>
08:         [STAThread]
09:         static void Main()
10:         {
11:             Application.EnableVisualStyles();
12:             Application.SetCompatibleTextRenderingDefault(false);
13:             Application.Run(new Form1());
14:         }
15:     }
```

CHAPTER 12　Windowsフォームアプリケーションを作ってみよう

▼リスト12.2　Windowsフォーム アプリケーションのひな型（Form1）

```
01: namespace Example_WindowsForm
02: {
03:     public partial class Form1 : Form
04:     {
05:         public Form1()
06:         {
07:             InitializeComponent();
08:         }
09:     }
10: }
```

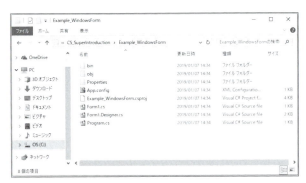

● 図12.3　Windowsフォーム アプリケーションのディレクトリ

● メインプログラム（Main）

リスト12.1で示したメインプログラム（Main）では、Windowsフォームアプリケーションの基本的な仕掛けが用意されています。特に次の行（最後の行）に意味があります。

```
Application.Run(new Form1());
```

「Application」というクラスの「Run」というメソッドにパラメータとして与えられるWindowsフォームは「メインフォーム」といわれます。

Runメソッドはメインフォームを表示し、キーボードやマウスによるユーザ操作などをメインフォームへ受け渡すことを、アプリケーションが終了するまで繰り返します。つまり、このRunメソッドにより、Windowsフォームアプリケーションは機能しています。

12-1-2　ボタンやテキストボックスなどの配置

Windowsフォームアプリケーションにおけるボタンやテキストボックスなどの操作用の部品は「コントロール」とよばれます。

Visual Studioでは標準でたくさんのコントロールが用意されています[注1]。これらのコントロールはVisual Studioの「ツールボックス」で管理されています(図12.2ではツールボックスは左側にあり、標準コントロールの一部が表示されています)。

● コントロールを配置するには

　コントロールをフォームに配置するには、ツールボックスから配置したいコントロールをドラッグし、フォームにドロップします(図12.4)。

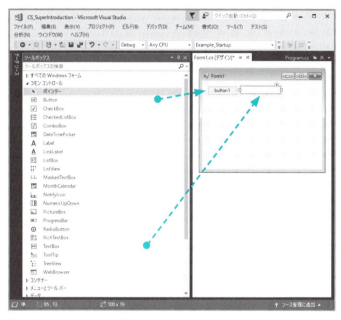

● 図12.4　コントロールの配置

12-1-3 ▶ 操作に対応するメソッドの作成

　Windowsフォームアプリケーションでは、キーボードやマウスのユーザ操作などはWindowsフォームから対象のコントロールに受け渡され、それに応じた処理が実行されます。たとえばボタンをマウスでクリックすれば、その操作は対象のボタンに受け渡され、そのボタンのクリックに対応する処理が実行されます。

　ここで、クリックなど処理のトリガとなるものは「イベント」とよばれ、それに対応する処理(メソッド)は「イベントプロシジャ」とよばれます。

　これらのイベントはVisual Studioの「プロパティ」のイベントリストで管理されています(図12.5ではイベントリストは右下にあり、現在選択されているボタンのイベントリストが表示されています)。

 TIPS　(注1)　コントロールは標準以外のものを組み込むことも可能です。

CHAPTER 12　Windowsフォームアプリケーションを作ってみよう

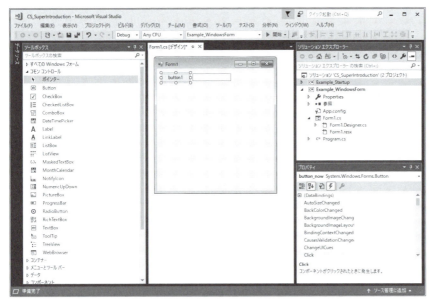

●図12.5　ボタンのイベントリスト

● イベントプロシジャのひな型の作成

イベントプロシジャとなるメソッドは、対象となるコントロールのイベントリストから対象のイベントをダブルクリックすることで、そのひな型を作成することができます。

リスト12.3は、ボタン（button1）のClickイベントプロシジャのひな型です。このプロシジャの内容が、ボタン（button1）がクリックされたときの動作となります。

▼リスト12.3　ボタン（button1）のClickイベントプロシジャのひな型

```
01: private void button1_Click(object sender, EventArgs e)
02: {
03: }
```

12-2 Windowsフォームアプリケーションを作ってみよう（1）

それでは、Windowsフォームアプリケーションを作成してみましょう。まずは、「C#の基本を理解しよう」の章で作成したサンプルプログラム（コンソールアプリケーション）をWindowsフォームアプリケーションで作成してみましょう。

12-2-1 ここで作成するプログラム

ここで作りたいプログラムは次のようなものです。

「ボタンのクリックにより、現在の日時を曜日付きでテキストボックスに表示するWindowsフォームアプリケーション」

● Step0　Windowsアプリケーションプロジェクトの作成

Windowsフォームアプリケーションのテンプレートを使ってプロジェクトとそのひな型を作成し、メインフォーム（Form1）を用意します。

● Step1　コントロールの配置

Form1にボタン（Button）とテキストボックス（TextBox）を配置します。また、それぞれの名前（Nameプロパティ）は「button_Now」、「textBox_Now」とします。

また、button_Nowの表示テキスト（Textプロパティ）は「現在の日時」とします（図12.6）。

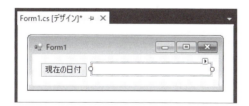

● 図12.6　コントロールの配置（Step1）

プロパティの値の設定はプロパティペインのプロパティ一覧に入力します。プロパティ一覧のプロパティ名の右にあるプロパティ値を変更します（図12.7）。

CHAPTER 12 Windowsフォームアプリケーションを作ってみよう

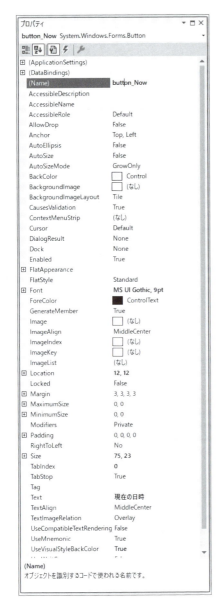

● 図12.7　ボタンコントロールのプロパティリスト

● Step2　ボタンクリックのイベントプロシジャの作成

まず、button_Nowのイベントリストから「Click」をダブルクリックし、button_Nowのクリック・イベントプロシジャのひな型を作成します（図12.8）。

そして、そのイベントプロシジャ（button_Now_Click）の内容をリスト12.4のように入力します。

ここで「string.Format」は「Console.WriteLine」と同様、評価文字列の{n}に後続n番目（0〜）のパラメータが文字列として埋め込まれます。そして、この文字列をthis.textBox_Now.Textに代入しています。このTextプロパティはテキストボックスのテキストそのものになるため、代入した内容はテキストボックスに表示されます。

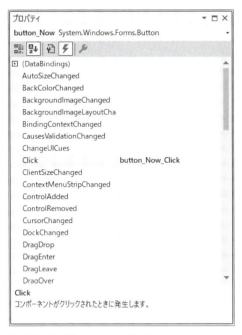

● 図12.8 ボタンのイベントリスト

▼ リスト12.4 button_NowのClickイベントプロシジャ

```
01: private void button_Now_Click(object sender, EventArgs e)
02: {
03:     DateTime now = DateTime.Now;
04:     this.textBox_Now.Text = string.Format("{0}({1}){2}",
            now.ToString("d"), now.ToString("ddd"), now.
            ToString("T"));
05: }
```

● Step3　プログラムの実行

それでは、作成したプログラムを実行してみましょう。「現在の日時」ボタンをクリックすると図12.9のような実行結果になります。

● 図12.9　実行結果

12-2-2　テキストボックスのプロパティを変更してみよう

さて、このWindowsフォームアプリケーションを少し進化させてみましょう。具体

CHAPTER 12　Windowsフォームアプリケーションを作ってみよう

的には、textBox_Nowの文字フォントを大きめにして、文字カラーを赤くしてみたいと思います。

Windowsフォームアプリケーションでは、コントロールのプロパティの変更などは、Visual Studioを使って設定するだけで、コーディングは不要です。

● Step1　textBox_Nowテキストボックスのプロパティの変更

テキストボックスの文字フォントや文字カラーを変更するには、textBox_Nowを選択し、表示されるプロパティリスト（図12.10）から対応するプロパティを変更します。

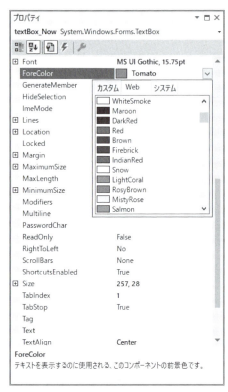

● 図12.10　textBox_Nowのプロパティ一覧

具体的には文字フォントに対応する「Font」プロパティの「Size」を16（ポイント）に設定します（自動的に表示可能な15.75ポイントに調整されます）。このときフォントプロパティダイアログ（図12.11）を使うこともできます。

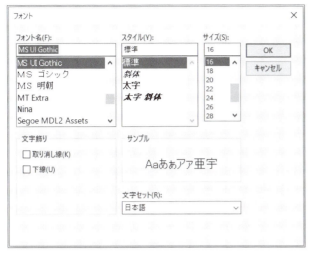

● 図12.11　テキストボックスのフォントプロパティダイアログ

　また、文字カラーに対応する「ForeColor」プロパティを「Tomato」に設定します。このときカラープロパティリストから選択することもできます。

　さらに、テキストの整列プロパティ「TextAlign」をCenterに設定し、テキストをセンタリング表示にしたいと思います。

　最後にテキストボックスのサイズを変更します。サイズに対応する「Size」プロパティを変更することもできますが、テキストボックスの左右をマウスで直接ドラッグすることもできます（図12.12）。

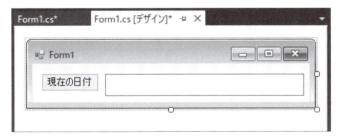

● 図12.12　textBox_Nowのプロパティの変更（Step1）

● Step3　　プログラムの実行

　それでは、作成したプログラムを実行してみましょう。「現在の日時」ボタンをクリックすると図12.13のような実行結果になります。

● 図12.13　実行結果

CHAPTER 12　Windowsフォームアプリケーションを作ってみよう

12-3 Windowsフォームアプリケーションを作ってみよう（2）

「演算子を理解しよう（2）」の章で作成したサンプルプログラム（コンソールアプリケーション）をWindowsフォームアプリケーションで作成してみましょう。

12-3-1　ここで作成するプログラム

ここで作りたいプログラムは次のようなものです。

「ボタンのクリックにより、sin曲線を0°〜360°まで15°単位でテキストボックスに表示するWindowsフォームアプリケーション」Step1　コントロールの配置

● Step1　　コントロールの位置

先のサンプルプログラムのForm1に、更にボタン（Button）とテキストボックス（TextBox）を配置します。また、それぞれの名前（Nameプロパティ）は「button_Sin」、「textBox_Sin」としておきます。

button_Sinの表示テキスト（Textプロパティ）は「Sin」とします。

textBox_Sinの「Multiline」プロパティを「True」とすることで、複数行に対応することができます。また「ScrollBars」プロパティを「Vertical」とすることで縦スクロールに対応させることができます（図12.14）。

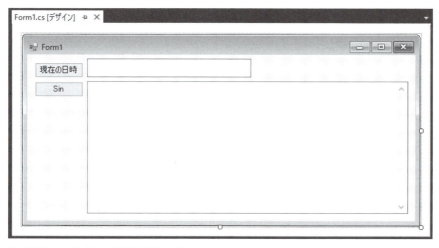

● 図12.14　コントロールの配置（Step1）

●Step2　Barクラスの作成

さて、「演算子を理解しよう（2）」の章で作成したサンプルプログラムのGetBarLineプロシジャを移行したいと思いますが、ここではこれをクラスとして独立させて利用したいと思います。

新規にクラス（Bar）を作成し、リスト12.5のように入力（移行）してください[注2]。

▼リスト12.5　Barクラス（Step2）

```
01: namespace Example_WindowsForm
02: {
03:     class Bar
04:     {
05:         public Bar(double minValue, double maxValue,
            int maxBarLength)
06:         {
07:             m_minValue = minValue;
08:             m_maxValue = maxValue;
09:             m_maxBarLength = maxBarLength;
10:         }
11:         ──── // ────
12:         private double m_minValue;      ──── // -- バー文字列の最小値
13:         private double m_maxValue;      ──── // -- バー文字列の最大値
14:         private int m_maxBarLength;     ──── // -- 最大値のバー文字列の長さ
15:         ──── // ────
16:         public string GetLine(double value, char mark)
17:         {
18:             double rate = (value - m_minValue) / (m_maxValue
                - m_minValue);
19:             int barLength = (int)(m_maxBarLength * rate);
20:             ──── // ────
21:             string barLine = string.Empty;
22:             int index = 0;
23:             while (index < barLength)
24:             {
25:                 barLine += "-";
26:                 index++;
27:             }
28:             barLine += mark;
29:             return barLine;
30:         }
31:     }
32: }
```

GetBarLineプロシジャに対応するプロシジャとしては「GetLine」メソッドを用意し

　（注2）　クラスの作成方法については「2章 C#に触れてみよう」の「C#の開発環境」の「新規クラスファイルの作成」を参考にしてください。

CHAPTER 12　Windowsフォームアプリケーションを作ってみよう

ます。また、GetBarLineプロシジャの5つのパラメータのうち、最初の3つのパラメータはBarクラスのコンストラクタのパラメータとし、GetLineメソッドには残りの2つのパラメータだけを持たせます。これにより、GetLineメソッドをよりシンプルに呼出すことができます。

● Step3　ボタンクリックのイベントプロシジャの作成

button_Sinのクリックのイベントプロシジャ（button_Sin_Click）を作成し、内容をリスト12.6のように入力（移行）してください。

▼ リスト12.6　button_NowのClickイベントプロシジャ

```
01: private void button_Sin_Click(object sender, EventArgs e)
02: {
03:     Bar bar = new Bar(-1.0d, 1.0d, 50);
04:     ──── // ----
05:     double _2piRad = Math.PI * 2;        ──── // -- 360度
06:     int division = 24;                   ──── // -- 24分割
07:     double divisionRad = _2piRad / division;
08:     ──── // ----
09:     double rad = 0;
10:     int index = 0;
11:     while (index <= division)
12:     {
13:         double sin = Math.Sin(rad);
14:         ──── // ----
15:         string barLine = bar.GetLine(sin, '+');
16:         ──── // ----
17:         double angle = index * 360 / division;
18:         this.textBox_Sin.Text +=
                string.Format("sin({0}°) {1} ({2})\r\n",
                angle.ToString().PadLeft(3), barLine, sin.ToString("n3"));
19:         ──── // ----
20:         rad += divisionRad;
21:         index++;
22:     }
23: }
```

コンソールアプリケーションのConsole.WriteLineではテキストに改行コードが付加されましたが、string.Formatの場合は付加されないため、改行・復帰コード（"\r\n"）を1行のテキストの最後に付加する必要があります。

また、Console.WriteLineではテキストはコンソールに追記されましたが、textBox_Sin.Textはテキストボックスの全テキストとして再設定になるため、「+=」演算子を使い、これまでのテキストに追記した内容を再設定します。

● Step4　プログラムの実行

それでは、作成したプログラムを実行してみましょう。「Sin」ボタンをクリックすると図12.15のような実行結果になります。

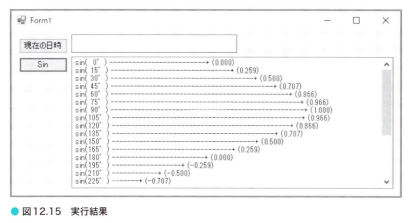

● 図12.15　実行結果

12-4 Windowsフォームアプリケーションを作ってみよう (3)

最後に「演算子を理解しよう (1)」の章で作成したサンプルプログラム (コンソールアプリケーション) をWindowsフォームアプリケーションで作成してみましょう。このサンプルプログラムでは、コンボボックスなどのコントロールも利用します。

12-4-1 ここで作成するプログラム

ここで作りたいプログラムは次のようなものです。

「指定の期間 (年) に指定の日付が指定の曜日である日をテキストボックスにコンソールに表示するWindowsフォームアプリケーション」

● Step0 　 Windowsアプリケーションプロジェクトの作成

まずは、Windowsフォームアプリケーションのテンプレートを使ってプロジェクトとそのひな型を作成し、メインフォーム (Form1) を用意します。

● Step1 　 コントロールの配置

Form1に図12.16のようにコントロールを配置します。なお、それぞれのコントロールと名前は表12.1のとおりです。また、調査日の月、日、曜日のコンボボックスにリスト表示させる内容 (コレクション) は「Items」プロパティに設定しておきます。

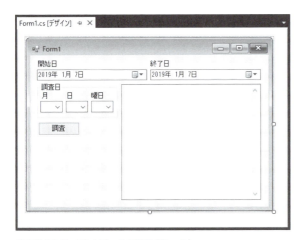

● 図12.16　コントロールの配置 (Step1)

● 表12.1　コントロールの名前

コントロール	名前	Itemsプロパティ（コレクション）
開始日	Label	任意
	DateTimePicker	dateTimePicker_StartDate
終了日	Label	任意
	DateTimePicker	dateTimePicker_EndDate
調査日	Groupbox	任意
月	Label	任意
	Combobox	comboBox_Month　　　1～12
日	Label	任意
	Combobox	comboBox_Day　　　1～31
曜日	Label	任意
	Combobox	comboBox_DayOfWeek　　日、月、火、水、木、金、土
調査	Button	button_MatchDays
結果	Textbox	textBox_MatchDays

　Itemsプロパティにコレクションデータを設定するには、プロパティペインのプロパティリストからItemsプロパティを選択し、右端の「…」ボタンをクリックで表示されるダイアログを利用します。

　このダイアログに入力された行がそのままコンボボックスの項目として表示されます。図12.17は月のコンボボックスのItemsプロパティの内容です。

● 図12.17　文字列コレクションエディタ（Step1）

● Step2　　プロシジャの作成

「演算子を理解しよう（1）」の章で作成したサンプルプログラムのWriteMatchDaysプロシジャを**リスト12.7**のように移行してください。

▼ リスト12.7　WriteMatchDays メソッド（Step2）

```
01: private void WriteMatchDays(
02:     DayOfWeek dayOfWeek,     ——— // -- マッチ条件の曜日
03:     int month,               ——— // -- マッチ条件の月
04:     int day,                 ——— // -- マッチ条件の日
05:     DateTime startDate,      ——— // -- 対象期間の開始日
06:     DateTime endDate)        ——— // -- 対象期間の終了日
07: {
08:     this.textBox_MatchDays.Clear();
09:     ——— // ----
10:     int count = 0;
11:     DateTime date = startDate;
12:     while (date <= endDate)
13:     {
14:         if (date.DayOfWeek == dayOfWeek &&
                date.Month == month && date.Day == day)
15:         {
16:                 ——— // ---- マッチ！
17:             count++;
18:             this.textBox_MatchDays.Text +=
                    string.Format("({0}){1}\r\n",
                    count.ToString().PadLeft(2), date.ToString("d"));
19:         }
20:         date = date.AddDays(1);
21:     }
22: }
```

基本的には「Console.WriteLine」の部分を、textBox_MatchDaysテキストボックスに置き換える修正になります。マッチ条件や対象期間をコンソールに表示する代わりにtextBox_MatchDaysテキストボックスをクリアしています。また、マッチ日の表示先をコンソールからtextBox_MatchDaysテキストボックスに変えています。

● **Step3　ボタンクリックのイベントプロシジャの作成**

button_MatchDays のクリックのイベントプロシジャ（button_MatchDays_Click）を作成し、内容をリスト12.8のように入力（移行）してください。

「演算子を理解しよう（1）」の章で作成したサンプルプログラムのMainプロシジャでは、曜日は「日曜日」、日にちは「1月1日」、期間は「2000～2100年」の固定でしたが、button_MatchDays_Click イベントプロシジャでは、それぞれのコントロールに設定された値をWriteMatchDays メソッドのパラメータに使用しています。

曜日、月、日にはコンボボックス（Combobox）を利用していますが、コンボボックスの選択項目（インデックス）はSelectedIndexプロパティで取得することができます。また、開始日と終了日には日付コントロール（DateTimePicker）を利用していますが、日

付コントロールの選択日付（DateTime）はValueプロパティで取得することができます。

▼ リスト12.8　button_MatchDaysのClickイベントプロシジャ

```
01: private void button_MatchDays_Click(object sender, EventArgs e)
02: {
03:     DayOfWeek dayOfWeek
            = (DayOfWeek)this.comboBox_DayOfWeek.SelectedIndex;
04:     ──── // -- コンボボックス（曜日）の選択値を使用します。
05:     int month = this.comboBox_Month.SelectedIndex + 1;
06:     ──── // -- コンボボックス（月）の選択値を使用します。
07:     int day = this.comboBox_Day.SelectedIndex + 1;
08:     ──── // -- コンボボックス（日）の選択値を使用します。
09:     DateTime startDate = this.dateTimePicker_StartDate.Value;
10:     ──── // -- 日付コントロール（開始日）の選択値を使用します。
11:     DateTime endDate = this.dateTimePicker_EndDate.Value;
12:     ──── // -- 日付コントロール（終了日）の選択値を使用します。
13:     ──── // ----
14:     this.WriteMatchDays(dayOfWeek, month, day, startDate,
            endDate);
15: }
```

● **Step4　プログラムの実行**

それでは、作成したプログラムを実行してみましょう。図12.18の設定で、「調査」ボタンをクリックするとtextBox_MatchDaysに実行結果が表示されます。

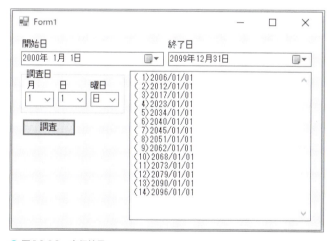

● 図12.18　実行結果

CHAPTER 12　Windowsフォームアプリケーションを作ってみよう

練習問題

問題1　次の□□□を埋めてください。

Windowsフォームアプリケーションのメインプログラム(Main)では、Windowsフォームアプリケーションの基本的な仕掛けが用意されています。特に次の行(最後の行)に意味があります。

```
Application.①(new Form1());
```

「Application」というクラスの「①」というメソッドにパラメータとして与えられるWindowsフォームは「②」といわれます。
①メソッドは②を表示し、キーボードやマウスによるユーザ操作などを②へ受け渡すことを、アプリケーションが終了するまで繰り返します。つまり、この①メソッドにより、Windowsフォームアプリケーションは機能しています。

問題2　次の□□□を埋めてください。

Windowsフォームアプリケーションにおけるボタンやテキストボックスなどの操作用の部品は「①」とよばれます。
Visual Studioでは標準でたくさんの①が用意されています(①は標準以外のものを組み込むことも可能です)。これらの①はVisual Studioの「ツールボックス」で管理されています。

問題3　次の□□□を埋めてください。

Windowsフォームアプリケーションでは、キーボードやマウスのユーザ操作などはWindowsフォームから対象のコントロールに受け渡され、それに応じた処理が実行されます。たとえばボタンをマウスでクリックすれば、その操作は対象のボタンに受け渡され、そのボタンのクリックに対応する処理が実行されます。ここで、クリックなど処理のトリガとなるものは「①」とよばれ、それに対応する処理(メソッド)は「②」とよばれます。

Appendix

クラスとオブジェクト指向について知っておこう

C#は、「オブジェクト指向」を全面的に取り入れているプログラミング言語です。そして、C#においてこのオブジェクトを表現するものがクラスになります。
ここではクラスについてもう少し、そしてオブジェクト指向について少しだけ知っておきましょう。
クラスやオブジェクト指向は、それだけでひとつの書籍となるアイテムです。そのため、ここでは具体的なサンプルプログラムを使ってクラスやオブジェクト指向の断面を見ていこうと思います。観光バスのガイドさんの説明程度に気軽に読み進んでみてください。後日、「そういえばそんなこと書いてあったような…」程度に残っていれば大成功です。

A-1	クラスについて知っておこう	P.212
A-2	オブジェクト指向について知っておこう	P.216

Appendix クラスとオブジェクト指向について知っておこう

A-1 クラスについて知っておこう

ここではサンプルプログラムを使ってクラスを概観したいと思います。具体的なサンプルプログラムにより、クラスのプロパティ、メソッドなどの感触をつかんでいきましょう。

A-1-1 サンプルプログラム

　さっそく、サンプルプログラムのMusicAlbumクラスを見てみましょう（リストA-1）。MusicAlbumクラスは、音楽アルバムのクラスです。
　それでは、このサンプルプログラムを使って、クラスについて説明していきます。

▼ リストA-1　MusicAlbumクラス

```
class MusicAlbum
{
    ──── // ──────── ①コンストラクタ
    public MusicAlbum(string title, string artist, Music[] musics)
    {
        m_title = title;
        m_artist = artist;
        m_musics = musics;
    }
    ──── // ──────── ②フィールド
    private string m_title;         ──── // -- タイトル
    private string m_artist;        ──── // -- アーチスト
    private Music[] m_musics;       ──── // -- ミュージックリスト
    ──── // ──────── ③プロパティ
    public string Title{   get { return m_title; }}
    public string Artist{  get { return m_artist; }}
    public Music[] Musics
    {
        get { return m_musics; }
        set { m_musics = value; }
    }
    ──── // ──────── ④インデクサ
    public Music this[int index]
    {
        get { return m_musics[index]; }
        set { m_musics[index] = value; }
    }
    ──── // ──────── ⑤メソッド
```

212

```csharp
    public bool IsMusicContained(string musicTitle)
    {
        foreach (Music music in this.Musics){
             if(music.Title == musicTitle){   return true;}}
        return false;
    }
    public bool IsMusicContained(string musicTitle, string musicArtist)
    {
        foreach (Music music in this.Musics){
            if (music.Title == musicTitle && music.Artist == musicArtist)
            { return true; } }
        return false;
    }
    public void AddMusic(Music music)
    {
        int lastMusicCount = m_musics.Length;
        Array.Resize(ref m_musics, lastMusicCount + 1);
        m_musics[lastMusicCount] = music;
    }
──────  // ──────── ⑥定数
    private const int c_minuteSeconds = 60;
    private const string c_minutesModification = "分";
    private const string c_secondsModification = "秒";
    public string ReportMusic(int musicIndex)
    {
        Music music = this[musicIndex];
        string reportMusic = music.Title + "(" + music.Artist + ")";
        int playingSeconds = music.PlayingSeconds;
        reportMusic += ((playingSeconds / c_minuteSeconds).ToString() + c_
        minutesModification);
        reportMusic += ((playingSeconds % c_minuteSeconds).ToString() + c_
        secondsModification);
        return reportMusic;
    }
}
```

● **コンストラクタ（①）**

　コンストラクタはインスタンスが生成される時にC#の処理系から呼び出される特別なメソッドです。

　MusicAlbumクラスの最初のメソッドがコンストラクタです。コンストラクタは、クラス名と同じ名前で返却値の定義がない特別なメソッドです。C#の処理系から呼び出されるため、返却値はありません。

　一般にコンストラクタでは、オブジェクトの初期化などを記述します。

● **フィールド（②）**

　フィールドはクラスの状態値を持つ変数です。

Appendix　クラスとオブジェクト指向について知っておこう

　MusicAlbumクラスでは、音楽アルバムのタイトル、アーチスト、ミュージックリストをフィールドとして持ちます。

　そして、これらのフィールドのアクセシビリティレベルをprivateとし、外部からの直接の参照を制限しています。

● プロパティ（③）

　プロパティはフィールドと同様の参照方法をサポートするメソッドです。

　MusicAlbumクラスでは、それぞれのフィールドに対応するプロパティを用意しています。プロパティには、取得用のgetアクセサと設定用のsetアクセサがあります。setアクセサは、次のように代入演算子の左辺に置かれたときに呼び出されます。

```
musicAlbum.Musics[index] = musicX;
```

　TitleプロパティとArtistプロパティではgetアクセサだけが用意され、設定については用意されていません。このため、これらの値はコンストラクタで指定された値から変更されることはありません。

● インデクサ（④）

　インデクサはオブジェクト要素のインデックスによる参照方法をサポートするメソッドです。

　MusicAlbumクラスのミュージックリストのそれぞれのMusicオブジェクトは、Musicsプロパティで次のように参照できます。

```
<MusicAlbumオブジェクト>.Musics[<インデックス>]
```

　MusicAlbumクラスでは、Musicオブジェクトのインデックス参照をサポートするため、インデクサによるアクセサも用意しています。このインデクサを使った参照は次のようなものになります。

```
< MusicAlbumオブジェクト>[<インデックス>]
```

● メソッド（⑤）

　メソッドはパラメータと返却値を持つC#の基本的なプロシジャです。

　MusicAlbumクラスには、IsMusicContainedメソッドが2つ存在します。このように、パラメータリストのデータ型のパターンが違うメソッドは同じ識別名で複数定義することができます。呼び出しにおいては実際に指定されるデータ型により、マッチするメソッドが呼び出されます（オーバーロード）。オーバーロードは、コンストラクタでも利用されます。

　AddMusicメソッドの返却値の型は、「void」となっています。これは、返却値のない場合に指定する型です（void型は、通常の型としては使用できません）。

● **定数（⑥）**

　定数は読み取り専用のフィールドです。
　MusicAlumクラスのReportMusicというメソッドは、アルバムのプレイ時間を「〜分〜秒」といった形式（文字列）で返却します。ここで、「const」という修飾子を使って3つの定数を定義しています。このように定数を使わず直接リテラル値を使用することもできますが、定数を使うことでその値の意味を明示することができ、プログラムはよりわかりやすくなります。

Appendix クラスとオブジェクト指向について知っておこう

A-2 オブジェクト指向について知っておこう

ソフトウェアは基本的に「情報（データ）」とそれを扱う「処理（ロジック）」で構成されます。そして、ロジックを軸にソフトウェアを構成する方式と、データを軸にソフトウェアを構成する方式があり、後者の方式が「オブジェクト指向」といわれます。

A-2-1 オブジェクト指向の基本用語

オブジェクト指向では、「データタイプ」、「属性」、「メソッド」、「プロパティ」、「インスタンス」といった言葉が基本用語として使われます。C#ではそれぞれ、「クラス」、「フィールド」、「メソッド」、「プロパティ」、「インスタンス」が対応します。

データタイプからインスタンス（オブジェクト）が生成され、それぞれのインスタンスは個別の属性値をデータとして保持します。また、メソッドやプロパティなどの手続きは、データタイプで管理されます（図A-1）。

オブジェクト指向では、それぞれのオブジェクトの属性値は、そのオブジェクトの状態値と考えることができます。それぞれのオブジェクトが状態を持ち、コミュニケーションしながら機能する動作イメージです（オブジェクトのコミュニケーションは「メッセージ」とよばれます）。

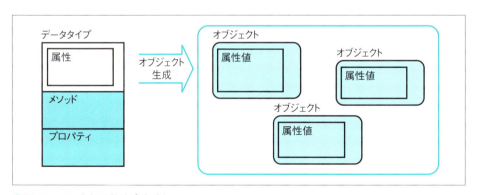

● 図A-1 データタイプとオブジェクト

A-2-2 オブジェクト指向の基本的概念

オブジェクト指向の基本的な概念、あるいは仕掛けとして、「カプセル化」、「継承」、そして「ポリモフィズム」といわれるものがあります。オブジェクト指向はこれらの概念をベースにソフトウェア開発における再利用性と保守性（拡張性）を強力にサポート

してくれます。
　また、これらの概念はそれぞれ独立したものではなく、カプセル化をベースに継承があり、継承をベースにポリモフィズムが機能する関係になります（図A-2）。

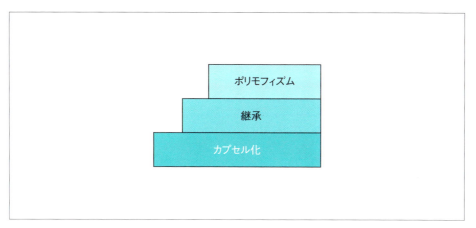

● 図A-2　オブジェクト指向における基本概念

A-2-3　カプセル化とは

　カプセル化は、「データの隠蔽」ともいわれ、オブジェクト指向における最も基本的な概念となります。

　カプセル化は属性値（状態値）への外部からのアクセスを制御するもので、属性値（状態値）への直接のアクセスを抑制し、メソッドやプロパティの手続きを通してアクセスを受け入れる方式です。

　カプセル化により意図しないデータ値の設定や不正なアクセスなどをチェックでき、問題を未然に防ぐことができます。

● ブラックボックス化

　また、カプセル化の内部に変更や追加があった場合でもアクセス方法に変更がなければ、それを利用する側のロジックには影響を与えません。これは「ブラックボックス化」などともいわれ、保守性を向上させます。

A-2-4　継承とは

　生物は植物、動物などに分類され、更に多くの項目に分類されています。この場合、植物、動物などの共通の基本項目が生物となります。また逆に生物をベースに植物、動物などの存在を考えることもできます。

　生物と植物、動物などの関係は、基本的なオブジェクトをベースに新たなオブジェクトを考える方式で「継承」とよばれます。

● 基本データタイプと派生データタイプ

継承において基本となるデータタイプは、「基本データタイプ」、あるいは「スーパーデータタイプ」とよばれます。そして、基本データタイプを継承するデータタイプは、「派生データタイプ」、あるいは「サブデータタイプ」とよばれます。また、派生データタイプから基本データタイプを導く場合は「汎化」といわれ、基本データタイプから派生データタイプを導く場合は「特殊化」と言われます。

基本データタイプが持つメソッドは、そのまま派生データタイプのメソッドとして処理の再利用が実現されます。これは「実装の継承」といわれます。

一方、基本データタイプと同じインターフェースを持つメソッドを派生データタイプに再定義することもできます。これは「オーバーライド」とよばれます。また、オーバーライドは、インターフェースを継承して実装することから「インターフェースの継承」といわれます。

A-2-5　ポリモフィズムとは

ポリモフィズムは、日本語では「多態性」、あるいは「多相性」などといわれます。

カプセル化と継承は現実の世界にもサンプルを見つけやすく比較的イメージしやすい概念ですが、ポリモフィズムは現実の世界にはサンプルを見つけづらくイメージしにくい概念といえます。

しかし、ポリモフィズムはソフトウェアの再利用性を強力にサポートするもので、このポリモフィズムを理解することは、オブジェクト指向を理解することといっても過言ではありません。

● ポリモフィズムの仕掛け

ポリモフィズムは基本データタイプのメソッドを呼び出すことで対象となる派生データタイプのメソッドを呼び出す仕掛けです。そして、これが意味することは基本データタイプに対してプログラミングしておけば、そのロジックは派生データタイプの追加や削除に対しても一切変更の必要がないということです。

さて、継承において実装の継承とインターフェースの実装についてお話しましたが、ポリモフィズムは、このインターフェースの継承を利用します（インターフェースの継承は、基本データタイプにおいてインターフェースを定義し、派生データタイプでこのメソッドを実装するスタイルです）。

基本データタイプのメソッドは、「仮想メソッド」とよばれます。これは、派生データタイプにオーバーライドメソッドがない場合だけ実行され、オーバーライドメソッドがある場合は実行されない仮想的なメソッドとなるためです。

また、派生データタイプにおいてオーバーライドメソッドの実装を強要することもできます。この基本データタイプのメソッドは、「抽象メソッド」といわれ、基本データタイプにおいては実装を持たず、インターフェースだけが定義されます。

おわりに

　この「C#言語超入門」の初版（2010年）から9年、ちょうど2010年はiPadが発売された年でした。そしてタブレットPCはその後私たちの生活やビジネスシーンを大きく変えてきました。2019年の現在、タブレットPCはそれぞれの利用場面で当たり前のものとなり、新たな主役はスマートフォンとなっています。これにともないソフトウェアの動作環境もPC、タブレットPC、スマートフォンに広がり、プログラミングの対象や興味もこれに同期してきました。また近年では、C#はゲームエンジン「Unity」の主要言語としても注目されています。

　しかし、プログラミングの基本は少しも変わることなく、本書も初版からそのまま有効です。この先もコンピュータの動作環境は多岐に広がることと考えられますが、コンピュータの基本的なアーキテクチャが変わらない限りプログラミングの基本は普遍的なものです。しっかりと基本を理解することで、それぞれの環境にも対応することができます。「はじめに」の繰り返しになりますが、プログラミングの感動と達成感をぜひ勝ち取ってください。

　最後になりましたが、本書の製作に大きなご支援いただいた技術評論社の原田崇靖さんと、Knowlbo社の市井文弥さん、森さくらさんに感謝するとともに、本書がソフトウェアの未来を築く一助となることを願いたいと思います。

INDEX 索引

索引

記号

-	47, 150, 169
--	150, 151, 169
!	154, 169
!=	155, 169
%	151, 169
%=	163, 169
&	152, 154, 155
&&	154, 169
&=	163, 169
( )	168, 169
*	47, 150, 169
*/	52
*=	163, 169
.	167, 169
.NET	30
.NET Framework	35
.NET Framework クラスライブラリ	35
/	47, 150, 169
/*	52
//	52
/=	163, 169
[ ]	164, 169
^	152, 154, 169
^=	163, 169
|	152, 154, 155
||	154, 169
|=	163, 169
~	152, 254
+	47, 148, 150
++	150, 151, 169
+=	163, 169
<	155, 169
<<	152, 169
<<=	163, 169
<=	155, 169
=	47, 162, 163
-=	163, 169
==	155, 169
>	155, 169
>=	155, 169
>>	152, 169
>>=	163, 169
10進数型	92, 93, 98

A

API：Application Programming Interface	27
Application	194
as	165, 169

B

break文	63, 81
byte	95

C

C#	26
Camel	125
char	107
class	180
CLR：Common Language Runtime	35
Console	41
Console クラス	46
const	129, 215
continue文	63, 82
CPU：Central Processing Unit	17

D

decimal	98
delegete	180
double	47, 97
do文	63, 77

E

enum	180

F

false	100
float	97
foreach文	63, 79
for文	63, 78

G

goto文	63, 83

I

I/O	17
if文	63, 66
IndexOf	120
int	95
interface	180
internal	184

is ··· 165, 169

J
Java ·· 26

L
long ··· 95

M
Math ·· 171
Microsoft Visual Studio ···················· 38

N
new ································· 117, 148, 166
null ·· 108, 116

O
object ··· 115
OS：Operation System ··················· 27
out ··· 112

P
Pascal ·· 125
PC ·· 30
private ··· 184
protected ······································ 184
public ·· 184

R
ref ·· 112
return文 ···································· 63, 82
Run ·· 194

S
sbyte ··· 95
short ··· 95
static ··· 187
string ····································· 46, 107
struct ·· 180
switch文 ··································· 63, 68

T
this ·· 188
thisアクセス ································· 188
ToString ·· 58

true ·· 100

U
uint ··· 95
ulong ··· 95
Unicode ·· 106
ushort ··· 95
usingディレクティブ ···················· 178

V
void ··· 214

W
while文 ····································· 63, 77
Windowsフォーム アプリケーション ···· 192

あ行
アーキテクチャ ································ 35
アクセシビリティ ·························· 183
アクセシビリティドメイン ·········· 183
アクセシビリティレベル ·············· 183
アクセス修飾子 ······························ 183
アセンブラ ······································ 23
アセンブリ ······································ 35
アセンブリ言語 ································ 23
値型 ·· 110
値パラメータ ································· 112
アドレス ·· 16
アプリケーション ··························· 27
アプリケーションプラットフォーム ···· 28
暗黙の型変換 ································· 165
一次元配列 ····································· 134
イベント ································ 182, 195
イベントプロシジャ ······················ 195
インクリメント ······························ 151
インスタンス ······················· 110, 216
インスタンスメンバ ······················ 186
インターフェース ················· 27, 180
インターフェースの継承 ·············· 218
インタプリタ ··································· 25
インタプリタ言語 ··························· 25
インデクサ ····································· 183
インデクサ演算子 ················ 148, 164
インデックス ························· 65, 131
エスケープシーケンス ·················· 108
円記号 ·· 108
演算子 ··································· 148, 183
演算装置 ·································· 17, 18
演算命令 ·· 17
オーバーライド ······························ 218

INDEX 索引

オーバーロード	188
オブジェクト	110
オブジェクトプログラム	24
オブジェクト演算子	166
オブジェクト型	116
オペレーティングシステム	27

か行

改ページ	108
改行	108
開発環境	38
外部メモリ	18
仮想マシン	26
仮想メソッド	218
型	176, 180
型メンバ	181
型情報演算子	164
カプセル化	217
完全限定名	177
簡易名	188
関係演算子	155
関数	54
関数メンバ	181
キーワード	126
機械語（マシンランゲージ）	19
基本データタイプ	218
基本データ型	91
キャスト	165
キャスト演算子	165
キャメル	125
キャリッジリターン	108
共通言語ランタイム	35
矩形配列	135
クラス	36, 42, 116, 180
繰り返し文	76
継承	184, 217, 218
結合規則	168
言語処理系	23
構造体	180
高級言語	23
コーディング	23
コーディング規則	52
コード	23
コメント	51
コレクション	64
コンストラクタ	181
コンソール	41
コンソールアプリケーション	41
コントロール	195
コンパイラ	23
コンパイル	23
コンパイル言語	23
コンピュータ	14

さ行

サブデータタイプ	218
サブルーチン	21
参照パラメータ	112
参照型	110
算術演算子	150
識別子	124
実行環境	34
実行形式プログラム	24
実数型	92
実装の継承	218
シフトJIS（MS漢字コード）	106
ジャグ配列	137
ジャンプ文	81
周辺装置	17
出力パラメータ	113
出力装置	17, 18
ショートカット演算子	162
シンプル名	188
垂直タブ	108
水平タブ	108
スーパーデータタイプ	218
スクリプト言語	25
スコープ	128
スタック	21
ステートメント	50, 53
ステートメントブロック	53
ストア	20
制御ステートメント	63
制御装置	17
制御文	61, 63
制御文字	108
制御変数	78
整数型	92
静的メンバ	187
宣言	50
ソースプログラム	24
属性	216
ソフトウェア	15
ソリューション	38

た行

代入	46
代入演算子	148, 162
多相性	218
多態性	218
単一引用符	108
単項演算子	148
中央処理装置	17
中間言語	26
抽象メソッド	218
ツールボックス	195

ディレクトリ	29
定数	129, 182
データタイプ	91, 216
データの隠蔽	217
データベースシステム	29
データメンバ	181
データ型	46, 91
デクリメント	151
デストラクタ	182
デバイス	27
デバイスドライバ	28
デリゲート	180
特殊化	218

な行

名前空間	176
二項演算子	148
二重引用符	108
入出力装置	17
入力装置	17

は行

パーソナルコンピュータ	30
ハードウェア	15
バイト	16
配列	131
パスカル	125
派生クラス	184
派生データタイプ	218
バックスペース	108
パラメータ	55
汎化	218
ビープ音	108
比較演算子	64, 155
ビット	16
ビット演算子	152
ファイル	29
ファイルシステム	29
フィールド	181, 216
フォームフィード	108
フォルダ	29
プッシュ	21
復帰	108
浮動小数点数型	92, 97
ブラックボックス化	217
フロー	62
フロー制御	62
プログラミング	23
プログラミング言語	23
プログラム	14
プロジェクト	38
プロシジャ	53, 54
プロセス	27
プロセッサ	17
ブロック	53
プロパティ	182, 195, 216
文	50
分岐文	66
変数	46, 50, 127
補助記憶装置（二次記憶装置）	18
ポップ	21
ポリモフィズム	218

ま行

ミドルウェア	29
メインフォーム	194
メインプログラム	42
メソッド	182, 216
メッセージ	216
メモリ	16, 18
メンバ	180
モジュール	24
文字型	107
文字コード	106
文字スキーム	106
文字列型	107

や行

優先順位	168
呼び出し	21, 54

ら行

ライブラリ	36
ラインフィード	108
ラベル	53, 63, 81, 83
ランタイム	34
ランタイムモジュール	34
リテラル	95
リンカー（リンケージエディタ）	24
ルーチン	54
レジスタ	20
例外	136
列挙型	180
連結演算子	151
ローカル定数	129
ローカル変数	128
ローダー	24
ロード	20, 24
論理演算子	153
論理型	99

■ **著者紹介**

斎藤　友男（さいとう　ともお）

1986年、株式会社Knowlbo入社。コンパイラの開発からスプレッドシート、ビジュアルプログラミングツールなど、数々の言語処理系ソフトウェアを開発。1994年に代表取締役に就任。多くのCOMコンポーネント製品をリリース。.NET（C#）にも逸早く注目し、早くから.NET（C#）ベースのオフィス系情報共有製品を次々にリリース。その中の「ワークフローＥＸ」は、2007年「Microsoft Innovation Award」のコマーシャル部門で優秀賞を受賞。

デザイン・装丁	●	吉村 明子
本文レイアウト	●	朝日メディアインターナショナル株式会社
編集	●	原田 崇靖

■ **サポートホームページ**

本書の内容について、弊社ホームページでサポート情報を公開しています。
https://book.gihyo.jp/
https://gihyo.jp/book/

ゼロからわかる
C# 超入門 [改訂2版]

2010年　3月　1日　初　版　第1刷発行
2019年　3月　6日　第2版　第1刷発行

著　者　斎藤　友男
発行者　片岡　巌
発行所　株式会社技術評論社
　　　　東京都新宿区市谷左内町21-13
　　　　電話　03-3513-6150　販売促進部
　　　　　　　03-3513-6160　書籍編集部
製本／印刷　図書印刷株式会社

定価はカバーに印刷してあります

本書の一部または全部を著作権法の定める範囲を超えて、無断で複写、転載、テープ化、ファイル化することを禁止します。

©2010　斎藤　友男

造本には細心の注意を払っておりますが、万一、乱丁（ページの乱れ）や落丁（ページの抜け）がございましたら、小社販売促進部までお送りください。送料小社負担にてお取り替えいたします。

ISBN978-4-297-10386-6 C3055
Printed in Japan

● **お問い合わせについて**

ご質問は本書の記載内容に関するものに限定させていただきます。本書の内容と関係のない事項、個別のケースへの対応、プログラムの改造や改良などに関するご質問には一切お答えできません。なお、電話でのご質問は受け付けておりませんので、FAX・書面・弊社Webサイトの質問用フォームのいずれかをご利用ください。ご質問の際には書名・該当ページ・返信先・ご質問内容を明記していただくようお願いします。

ご質問にはできる限り迅速に回答するよう努力しておりますが、内容によっては回答までに日数を要する場合があります。回答の期日や時間を指定しても、ご希望に沿えるとは限りませんので、あらかじめご了承ください。

● **問い合わせ先**

〒162-0846　東京都新宿区市谷左内町21-13
株式会社技術評論社　書籍編集部
「ゼロからわかるC#超入門［改訂2版］」質問係
FAX番号　03-3513-6167

なお、ご質問の際に記載いただいた個人情報は、ご質問の返答以外の目的には使用いたしません。また、返答後は速やかに破棄させていただきます。

ゼロからわかる
C#超入門［改訂2版］
はじめてのプログラミング

解答・解説集

▶この解答・解説集は、各章末の練習問題の解答です。
▶薄く糊付けしてありますが、本書より取り外して使用することもできます。

Chapter 1　練習問題　　　　P.30

●問題1

答え ②

解答例
　電卓は計算手順を繰り返し利用することができませんが、コンピュータは計算手順（プログラム）を何度でも繰り返し利用できることができます。
　この点が、コンピュータが電卓に比べて最も優れているところであり、このプログラムを高速に動作させる仕掛けにより革新的な道具として発展しました。

●問題2

答え ③と⑤

解答例
③CPUは制御装置と演算装置で構成されています。
⑤プログラムもデータも同じメモリ上にあり、特に区切られた領域に存在するわけではありません。

●問題3

答え
① 制御装置
② 演算装置
③ メモリ（主記憶装置と補助記憶装置）
④ 入力装置
⑤ 出力装置

解答例
　コンピュータは、その処理能力を持つCPU（①制御装置と②演算装置）を中心に、主記憶装置、補助記憶装置などの③メモリを使って演算とその保存を実現し、周辺装置（④入力装置、⑤出力装置）により人とのコミュニケーションを実現しています。

●問題4

答え ④と⑤

解答例
④実行形式プログラムをメモリに読み込むことをロードといいます。
⑤プログラムは1つのソースプログラムで構成されることは少ないです。

●問題5

答え ②と③

解答例
②OS上で管理される情報の単位はファイルといわれます。
③データベースはミドルウェアとなります。

2章　練習問題

●問題1

答え ③と④

解答例
③C#の実行環境は.NET Frameworkの実行環境そのものです。
④プログラムの実行単位はアセンブリとよばれます。

●問題2

答え

① 共通言語ランタイム／CLR (Common Language Runtime)
② 中間言語
③ 仮想マシン

解答例
　.NET Frameworkではプログラミング言語共通の実行環境として「共通言語ランタイム (CLR：Common Language Runtime)」が用意され、C#言語もその他の言語も中間言語に変換され、この中間言語が「仮想マシン」(インタプリタ) で実行されるスタイルになります。

●問題3

答え ②と④

解答例
②1つのファイルに1つのクラスを入れシンプルに管理します。
④メインプログラムだけでアプリケーションを作成することもできます。

●問題4

答え
① プロジェクト
② ソリューション

解答例
　Visual Studioではアプリケーションは「プロジェクト」という単位で管理され、複数のアプリケーションから構成されるシステムではそれらのプロジェクトを集めて「ソリューション」という単位で管理されます。

3章　練習問題

●問題1

答え　③と④

解答例
③C#は1つの文を複数の行に分けて記述しても問題ありません。
④データの型によって扱える演算(計算)が違います。

●問題2

答え
①string inputText;
②double inputData;

解答例
　C#における変数の宣言はデータ型の後にスペースを空けて変数名を配置します。

●問題3

答え　①と②

解答例
①ブロックはステートメントのまとまりを中カッコ({…})で囲んで指定します。
②ラベルとステートメントとの間はコロン(:)で区切ります。

●問題4

答え

① ステートメントブロック／ブロック

② プロシジャ／ルーチン／関数

解答例

　ステートメントのまとまりは「ステートメントブロック」、あるいは単に「ブロック」とよばれ、プログラムの実行の単位は、「プロシジャ」、「ルーチン」、「関数」などとよばれます。

4章　練習問題

●問題1

答え

① 制御

② 論理値

解答例

　フローは条件により流れを変えることも可能で、このフローを制御する文は「制御文」、あるいは「制御ステートメント」とよばれます。また、制御文による分岐、繰り返し、ジャンプなどのフロー制御は、「論理値」をキーとして実行されます。

●問題2

答え

① if

② switch

解答例

　ifはフローを2つ、switch文はフロー複数に分岐（選択）させる制御文です。

●問題3

答え

```
if (level == 0){eval = " OK."; }
else if (level == 1){eval = " Warning!"; }
else if (level == 2){eval = " Error!"; }
else{                eval = " Unknown!"; }
```

続く➡

解答例

多分岐の場合はif文よりも、switch文のほうが選択値と処理との対応をわかりやすく記述できます。

●問題4

答え

① 40

② 80

解答例

if文による多分岐のサンプルプログラムです。初期値として"昇格"を持たせることで、pointが80以上の処理を省いています。

●問題5

答え

① 40

② default

解答例

switch文による多分岐のサンプルプログラムです。pointを分岐値に変換し、switch文を上手く利用しています。

5章　練習問題

●問題1

答え

① while

② do

解答例

while文は繰り返しブロックの前で条件チェックされるのに対し、doは繰り返しブロックの後で条件チェックされます。

●問題2

答え

```
    for (int n = value; n > 1; n--)
    {
        factorial *= n;
    }
```

解答例

while文をfor文で、またはその逆など、繰り返し文は他の繰り返し文で置き換えることができます。通常はそれぞれのケースでわかりやすく記述できる繰り返し文が選択されます。

●問題3

答え

```
    while (true)
    {
        if (n <= 1)
        {
            break;
        }
        factorial *= n;
        n--;
    }
```

解答例

このサンプルプログラムではbreak文を使用しないほうがシンプルでわかりやすいものとなります。

●問題4

答え

① `1`
② `value`

解答例

while文による繰り返し処理のサンプルプログラムです。制御変数(n)の初期値をvalueとし、2までデクリメントしてfactorialを求めています。

●問題5

答え

① `int`
② `int`

解答例

foreach文による繰り返し処理のサンプルプログラムです。continue文を使って0以下の値を合計から排除しています。

6章　練習問題

●問題1

答え

基本データ型	概略
整数型	ビット(0/1)による2進数形式で整数値を持つデータ型です。
浮動小数点数型	指数(e)と仮数(f)による指数形式(f×2e)で内部表現する実数型です。
10進数型	10進数をそのまま内部表現する実数型です。
論理型	真(true)か偽(false)のいずれかの論理値を持つデータ型です。
文字型	文字コード(Unicode)の値を持つデータ型です。
文字列型	文字列(文字コードの連続した並び)のデータ型です。
オブジェクト型	参照型(文字列型など)の基本のデータ型です。

解答例

基本データ型には、「整数型」、「浮動小数点数型(実数型)」、「10進数型(実数型)」、「論理型」、「文字型」、「文字列型」、「オブジェクト型」の7つのタイプがあります。

●問題2

答え　③と④

解答例

③浮動小数点数型は小数部に誤差が生じやすい内部表現となっています。
④10進数型は誤差のない正確な計算ができる内部表現となっています。

●問題3

答え

① 浮動小数点数型

② 10進数型

解答例

浮動小数点数型は高速な実数計算が可能ですが、小数部に誤差が生じやすい特性があります。一方、10進数型は誤差のない正確な実数計算が可能ですが、浮動小数点型に比べ計算に時間を要します。

● 問題4

答え
アウトとセーフ
当りとはずれ
成功と失敗
…など

解答例
論理値は、真 (true) か偽 (false) のいずれかの値で、2つの状態のどちらかいずれかを表現します。

> 7章　練習問題

● 問題1

答え ③と④

解答例
③文字データのリテラル表記は単一引用符 (') で文字を囲んで記述します。
④文字列データのリテラル表記は二重引用符 (") で文字を囲んで記述します。

● 問題2

答え
① "123.456"
② "¥tabc"
③ "OK.¥n"
④ "¥¥123" ／ @"¥123"
⑤ "¥"abc¥"" ／ @""abc""
⑥ "¥'xyz¥'" ／ @"'xyz'"

解答例
　制御文字のリテラル表記はエスケープシーケンスとよばれ、円記号 (¥) から始まる一連の文字の並びを使って表記します。

● 問題3

答え
① 値型
② 参照型

続く ➡

解答例

「値型」のデータは、そのインスタンスだけで構成されますが、「参照型」のデータは参照とインスタンスで構成されます。

●問題4

答え

① 値渡し

② 参照渡し

解答例

　パラメータの「値渡し」はその値がプロシジャに渡される為、プロシジャでその値が変更されても、呼び出し側のパラメータは引き渡した値のまま変更されませんが、パラメータの「参照渡し」はその参照がプロシジャに渡されるため、プロシジャにおける変更は呼び出し側のパラメータの変更を意味します。

8章　練習問題

●問題1

答え
②と⑤

解答例
②識別子に日本語文字を使うことができます。
⑤識別子の大文字と小文字は区別されます。

●問題2

答え

① SuperIntroductionBook
② superIntroductionBook

解答例
　Pascal形式は最初の文字と後に続いて連結される各単語の最初の文字を大文字にする形式です。一方、Camel形式は最初の文字は小文字にし、後に続いて連結される各単語の最初の文字を大文字にする形式です。

●問題3

答え

① 変数
② 開発効率
③ 保守性

解答例

「変数」が明確なデータ型を持つことで、プログラムがわかりやすくなるだけでなく、記述ミスをコンパイル時に排除するなど、「開発効率」や「保守性」も向上させることができます。

●問題4

答え

データ型	基本データ型	初期値
論理型	bool	false
文字型	char	'¥0'
文字列型	string	null

解答例

変数の初期値は、値型の場合は0やfalse、あるいは'¥0'で、参照型の場合はnullとなります。

●問題5

答え ③と⑤

解答例

③文字データのリテラル表記は単一引用符(')で文字を囲んで記述します。
⑤配列の要素数は初期化後変更することはできません。

●問題6

答え

```
int[] keyNumbers = new int[8];
```

解答例

配列の宣言は、変数の宣言のデータ型の後ろに「[]」を付加します。そして、そのインスタンスはnew演算子を使い、データ型の後ろに「[<要素数>]」を指定します。

●問題7

続く➡

答え ④と⑤

解答例
④三次元の矩形配列はキューブのイメージです。
⑤ジャグ配列はツリー(木構造)のイメージです。

●問題8

答え

```
int[,,] cube = new int[2, 4, 6];
```

解答例
　矩形配列の宣言は、一次元配列の宣言の「[]」の中にカンマ「,」を入れ、次元数を指定します。そして、そのインスタンスはnew演算子を使い、「[]」の中にカンマで区切って各次元の要素数を指定します。

●問題9

答え

```
int[][] tree = new int[3][];
tree[0] = new int[1];
tree[1] = new int[3];
tree[2] = new int[5];
```

解答例
　ジャグ配列の宣言は、一次元配列の宣言の「[]」を次元の数だけ配置します。そして、そのインスタンスはnew演算子を使い、各次元の要素数に応じて最初の次元の要素数から順次指定します。

9章　練習問題

●問題1

答え

① 論理型
② 文字列型
③ オブジェクト型

解答例
　「==」、「!=」がすべてのデータに使えるのに対し、「<」、「>」、「<=」、「>=」は整数型、実数型、および

文字型のデータにのみ使用できます。

●問題2

答え

```
value0 ++;
value0 += 1;  （次の章で説明される代入のショートカット演算子です）
```

解答例

単項演算子の「++」と「--」演算子は対象の数値データに1を加えたり、減らしたりする演算をサポートする演算子です。

●問題3

答え

```
text0 = text1 + text2 + text3;
```

解答例

連結演算子（+）は2つの文字列、あるいは文字列と文字を単純に連結してくれます。

●問題4

答え

```
value1 >> 1;
```

解答例

　ビットの左シフトは、1ビットは2倍、2ビットは4倍、3ビットは8倍、…となります。同様にビットの右シフトは、1ビットは1/2倍、2ビットは1/4倍、3ビットは1/8倍、…となります。

●問題5

答え

```
!(value1 | value 2)
```

解答例

論理演算子の「それぞれの否定の論理積」と、「論理和の否定」は同じです。

●問題6

続く➡

答え

!(value1 >= value 2)

解答例

「より小さい」と、「以上でない」は同じです。

10章　練習問題

● 問題1

答え

(variable += 1) > 10

解答例

代入演算子の目的は左辺に右辺の評価値を設定することですが、代入演算子の演算値も存在します。

● 問題2

答え

(uint)(ulongNum + (ulong)floatNum)

解答例

キャスト演算子は、変換したい式の前にデータ型をカッコで囲んで指定します。

● 問題3

答え

「!」、「*」、「+」、「<」、「&」

解答例

演算子はステートメント（式）の中でその優先順位と結合規則に従って実行されます。

● 問題4

答え

① `/`
② `(int)`

③ | +＝ |

> 解答例

　演算子の優先順位、およびキャスト演算子と代入のショートカット演算子のサンプルプログラムです。最初に連結文字列の長さを求め、その後実際の連結文字列を作成しています。

11章　練習問題

●問題1

答え ① | 名前空間 |

> 解答例

「名前空間」はプログラムから参照する名前を特定するための仕掛けです。

●問題2

答え ④と⑤

> 解答例

④メソッドはパラメータと返却値を持つC#の基本的なプロシジャである。
⑤プロパティはフィールドの設定と参照をサポートするメソッドである。

●問題3

答え ① | アクセシビリティ |

> 解答例

「アクセシビリティ」のアクセス可能な範囲は「アクセシビリティドメイン」といわれ、アクセシビリティドメインは「アクセス修飾子」という修飾子を使って定義することができます。

●問題4

答え

① | インスタンス |

② | 静的 |

続く➡

15

解答例
インスタンスメンバがそのインスタンスに対して存在し、静的メンバはその型に対して存在します。

12章　練習問題

●問題1

答え
① Run
② メインフォーム

解答例
　Windowsフォームアプリケーションはキーボードやマウスによるユーザ操作などをアプリケーションが終了するまで繰り返します。そしてこの処理の心臓役となるのが、Applicationクラスの「Runメソッド」であり、ユーザ操作を受け取り、反映するのが「メインフォーム」となります。

●問題2

答え　① コントロール

解答例
　Windowsフォームアプリケーションではボタンやテキストボックスなどの「コントロール」がユーザ操作に対応します。

●問題3

答え
① イベント
② イベントプロシジャ

解答例
　Windowsフォームアプリケーションでは、キーボードやマウスのユーザ操作などをアプリケーションが終了するまで繰り返しますが、それらの操作は「イベント」として整理され、対応する「イベントプロシジャ」が実行されます。